助力乡村振兴出版计划

【现代种植业实用技术系列】

特色小浆果

绿色优质
高效栽培技术

主　编　宁志怨　孔晶晶

U0396135

时代出版传媒股份有限公司
安徽科学技术出版社

图书在版编目(CIP)数据

特色小浆果绿色优质高效栽培技术 / 宁志怨,孔晶晶主编. --合肥:安徽科学技术出版社,2023.12
助力乡村振兴出版计划. 现代种植业实用技术系列
ISBN 978-7-5337-8837-7

Ⅰ.①特… Ⅱ.①宁…②孔… Ⅲ.①浆果类-果树园艺 Ⅳ.①S663

中国国家版本馆 CIP 数据核字(2023)第 210858 号

特色小浆果绿色优质高效栽培技术　　　　主编　宁志怨　孔晶晶

出 版 人:王筱文　　　　　　选题策划:丁凌云　蒋贤骏　王筱文
责任编辑:赵燕琼　李志成　　责任校对:杨 洋
责任印制:梁东兵　　　　　　装帧设计:王 艳
出版发行:安徽科学技术出版社　　　http://www.ahstp.net
　(合肥市政务文化新区翡翠路 1118 号出版传媒广场,邮编:230071)
　电话:(0551)63533330
印　　制:安徽联众印刷有限公司　　电话:(0551)65661327
(如发现印装质量问题,影响阅读,请与印刷厂商联系调换)

开本:720×1010　1/16　　　　印张:10.75　　　　字数:146 千
版次:2023 年 12 月第 1 版　　印次:2023 年 12 月第 1 次印刷

ISBN 978-7-5337-8837-7　　　　　　　　　　定价:43.00 元

出版说明

　　"助力乡村振兴出版计划"(以下简称"本计划")以习近平新时代中国特色社会主义思想为指导,是在全国脱贫攻坚目标任务完成并向全面推进乡村振兴转进的重要历史时刻,由中共安徽省委宣传部主持实施的一项重点出版项目。

　　本计划以服务乡村振兴事业为出版定位,围绕乡村产业振兴、人才振兴、文化振兴、生态振兴和组织振兴展开,由《现代种植业实用技术》《现代养殖业实用技术》《新型农民职业技能提升》《现代农业科技与管理》《现代乡村社会治理》五个子系列组成,主要内容涵盖特色养殖业和疾病防控技术、特色种植业及病虫害绿色防控技术、集体经济发展、休闲农业和乡村旅游融合发展、新型农业经营主体培育、农村环境生态化治理、农村基层党建等。选题组织力求满足乡村振兴实务需求,编写内容努力做到通俗易懂。

　　本计划的呈现形式是以图书为主的融媒体出版物。图书的主要读者对象是新型农民、县乡村基层干部、"三农"工作者。为扩大传播面、提高传播效率,与图书出版同步,配套制作了部分精品音视频,在每册图书封底放置二维码,供扫码使用,以适应广大农民朋友的移动阅读需求。

　　本计划的编写和出版,代表了当前农业科研成果转化和普及的新进展,凝聚了乡村社会治理研究者和实务者的集体智慧,在此谨向有关单位和个人致以衷心的感谢!

　　虽然我们始终秉持高水平策划、高质量编写的精品出版理念,但因水平所限仍会有诸多不足和错漏之处,敬请广大读者提出宝贵意见和建议,以便修订再版时改正。

本册编写说明

　　浆果是一种流行的水果类别，包括多种水果，如草莓、蓝莓、树莓等。它们以营养价值高、风味独特和烹饪应用的多功能性而闻名。近年来，人们越来越意识到食用浆果对健康有益，因此对浆果的需求一直在上升。中国是世界上最大的浆果消费国和生产国之一，其中草莓、蓝莓、树莓也因产业生产周期短、效益高、市场潜力大等优势，成为种植业结构调整和农业增效、农民增收的重要支点。

　　随着人们生活水平的提高及健康意识的增强，安全、健康、优质、多样化的果品成为消费者的主导需求。本书针对当前草莓、蓝莓、树莓三种特色浆果品种混杂、育苗规范性差、栽培技术传统等现状，在总结多年来浆果优质高效健康栽培技术研究成果和生产实践的基础上，着重介绍了草莓、蓝莓和树莓优良品种选择、优质种苗培育、优质高效栽培技术及病虫害防控技术等，为实现草莓、蓝莓和树莓品种多样化、栽培技术规范化和病虫害绿色防控提供实用的知识，内容丰富、信息量大、可操作性强。

　　本书由宁志怨、孔晶晶编写。在编写和出版过程中，还得到了全国相关行业专家的大力支持，也参考了和引用了许多相关资料，在此谨表感谢。

目　录

第一章

草莓生产概况

▶ 第一节 草莓简介

草莓又称红莓、洋莓、地莓等,是对蔷薇科草莓属植物的统称。草莓属多年生草本植物,高10～40厘米,果实为聚合瘦果,外观呈鲜红色尖卵形,含有浓郁的水果芳香。果肉酸甜多汁,色、香、味俱佳且营养价值丰富,是名副其实的"水果皇后"。

一 形态学特性

1. 根

草莓根系是由不定根组成的纤维根系,发生在缩短茎上,没有主要侧根,通常分布在距表面20厘米深的表层土壤中,起着固定草莓植株的作用,并从土壤中吸收水分和养分,促进植株生长。草莓新根为白色,随着根部的老化,颜色从白色变为棕色,最后变黑、死亡。初生根的寿命通常为一年左右,从萌发到开花初期,地上部分生长缓慢,地下部分根系生长较快,新根系大量生长。随着地上部分的蔓延、开花和结实,地上部分对水分和养分的需求增加,根部生长减缓。当果实膨大时,一些根将干枯并死亡。从秋季到初冬,由于叶片养分的回流,地上部分生长缓慢,根部快速生长现象再次出现。因此,草莓的根系生长与植物地上的叶、花和果实之间存在密切的关系。

2. 茎

草莓的茎可分为新茎、根状茎和匍匐茎。

（1）新茎。新茎是当年萌发或一年生的短缩茎，节间密集，呈弓背形，着生于根状茎上。新茎生长速度非常缓慢，年生长量仅0.5～2.0厘米，加粗生长较旺盛。新茎是草莓发叶、生根、长茎、形成花序的重要器官。新茎上密生具有叶柄的叶片，下部产生不定根。新茎上叶腋部位着生腋芽，腋芽具有早熟性，当年可萌发成匍匐茎，或萌发成新茎分枝，有的分化成花芽，或不萌发而成为隐芽。一般温度高时萌发成匍匐茎，温度低时萌发成新茎的分枝。

（2）根状茎。草莓多年生的短缩茎称为根状茎，由新茎转变而来。新茎在第二年，叶片全部枯死、脱落后就变为外形似根的根状茎。根状茎与新茎的结构不同，根状茎的木质化程度高，而新茎内层中维管束状的结构发达，生命力强。根状茎有节和年轮，是储藏营养的主要器官，二年生的根状茎常在新茎基部产生大量不定根。但随着株龄的增长，根状茎一般从第三年开始不再产生不定根，并从下部老的部位开始逐渐向上老化、变黑。

（3）匍匐茎。匍匐茎是草莓营养繁殖的主要器官。匍匐茎的节间很长，奇数节上的腋芽一般不萌发，呈休眠状态；偶数节上的腋芽可以萌发生长成1株匍匐茎子苗。正常情况下，经过2～3周，匍匐茎苗就能独立成活。随着匍匐茎苗的生长，一次匍匐茎苗又可分化腋芽，腋芽萌发后继续抽生匍匐茎，这些匍匐茎仍然是偶数节腋芽萌发成二次匍匐茎苗，二次匍匐茎苗还可抽生三次匍匐茎苗，以此类推，可形成多代匍匐茎和多代匍匐茎子苗。一般1株母株一年中可发生3～5代子株，总子株数为30～85株，多者可达100～200株。匍匐茎奇数节位不产生子株，腋芽保持休眠或产生匍匐茎分枝。

3. 叶

草莓的叶为基生三出复叶，叶柄细长，通常10～28厘米。叶柄上有许多茸毛，基部与新茎连接，并且有2个相反的托叶。叶柄顶部有3个小叶，两侧小叶对称，中间小叶形状规则，有圆形、椭圆形和长椭圆形，颜色从黄绿色到蓝绿色，边缘为锯齿状，刻痕数量为12～24个。

4. 花

草莓花序为聚伞花序或多歧聚伞花序,通常一个花序上可着生7~15朵花,多者可达30朵。草莓完整的花朵由花柄、花托、萼片、雄蕊和雌蕊五部分组成。花柄顶端膨大的部分是花托,呈倒三角形,并肉质化,其上着生萼片、花瓣、雄蕊、雌蕊。花瓣的颜色有白色、红色、黄色等,5至6片,萼片10枚以上。对于不同的品种,萼片具有向内或向外转动的特征。雄蕊30~40个,花药纵向分开,雌蕊离生200~400个,螺旋状排列在花托上。大多数草莓品种的花是完全花,能自花结实。

当室外温度高于10℃时,草莓开始开花。开花时,萼片先打开,花瓣展开,然后花药裂解,花粉落在雌蕊的柱头上。此时的温度直接影响花药裂解,适宜的花粉萌发温度为25~30℃。开花期湿度约为40%,有利于花粉的萌发,花粉在开花后2~3天具有最强的活力。

5. 果实

草莓的每朵花的肉质花托上着生许多离生的雌蕊,受精后每一个雌蕊形成一个瘦果(通常称其为种子),嵌生于肉质发达的花托上(即食用部分)而形成聚合果。这个聚合果就是我们所说的草莓,植物学上叫假果,栽培上叫浆果。草莓有许多花序,可以形成级序果,不同级序果由对应的不同级序花发育而成。第一级序果最大,第二级序果次之,级序越高果实越小。草莓果实大小一般以第一级序果为准。

6. 种子

草莓的种子在肉质花托上呈螺旋状排列,在生理学上称为瘦果。种子长圆形,有黄色、黄红色或黄绿色。种子不嵌入浆果表面的深处,或与果实表面平齐,或从果实表面突出,呈凸状或果状。浆果种子越多,分布越均匀,果实发育得越好。如果浆果一侧的种子发育不良,就会导致浆果畸形。

二 生态学特性

1. 温度

草莓喜温凉的气候环境,生育期适宜温度为15~22℃。根系在温度

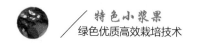
高于2℃时开始活动，10℃时生长形成新根，最适温度为15～20℃，-8℃以下受到危害。植株在气温高于5℃时开始萌芽，适温为20～26℃，-1℃以下低温和30℃以上时高温生长受抑制。茎叶生长温度为20～30℃，芽在-15～-10℃时发生冻害，花芽分化期温度须保持在5～15℃，果实膨大期温度以18～20℃最佳。草莓越夏时，气温高于30℃且日照强时，需采取遮阳降温措施。

2. 光照

草莓喜光但又较耐阴，光照过弱不利于草莓的生长。日照强且时间长时，果小、色深、质量好。日照时间适中时，果大、色浅、糖分低，收获期较长。高温高光照条件下，草莓成熟期短，果小、味酸。

3. 水分

草莓植物的根系遍布浅，蒸腾量大，对水分的要求严苛。不同生育期，草莓对水分的要求各不相同。初春，土壤含水量不可小于70%。果子生长和采摘期对水分的要求最高，多为80%左右，采收以后，抽发匍匐茎和新不定根，也需土壤水分高于70%，秋天是主茎积淀养分和花芽形成期，土壤含水量也不可小于60%。草莓不抗涝，要求土壤有优良的渗透性，注意雨季田间排水。

4. 土壤

草莓宜生长于疏松、肥沃、透气良好、保水保肥能力强的沙壤土中。土壤中性或微酸性(pH为5.5～6.5)，土层深度30厘米左右最佳。过度黏重的土质不适宜种植草莓。基质栽培应选择含盐量低、缓冲性好的基质，土壤栽培底肥应尽量选择含盐量少的有机肥(如羊粪、豆饼等)，谨防烧苗。

三 草莓的营养价值

草莓中含有多种氨基酸、微量元素和维生素，能够增强人体免疫力。草莓中的花青素、维生素E具有较强的抗氧化作用，有助于延缓衰老、改善皮肤状态。另外，草莓中的维生素C可以美白，适当食用有美容养颜的功效。草莓中的胡萝卜素与维生素A，能够起到养肝护肝的作用。最新研究表明,胡萝卜素与维生素A能够参与维持视觉细胞内暗视感光物质的循环,适量食用能保护视力、缓解或预防夜盲症。

草莓中还含有大量的果胶及纤维素,可以促进肠胃蠕动、帮助消化、预防便秘,适用于食欲缺乏、餐后腹胀、便秘等病症。中医认为,草莓有解毒、清热的作用,春季人的肝火往往比较旺盛,吃点草莓可以起到抑制肝火的作用。草莓中所含有的鞣花酸能保护人体组织对抗致癌物质的伤害,且有一定的抑制恶性肿瘤细胞生长的作用。

▶ 第二节　草莓的起源与分布

━ 一 草莓的起源与传播

草莓起源于亚洲、美洲和欧洲,园艺学分类上属于浆果类,蛇莓属和委陵菜属是草莓的近缘植物。草莓属植物约有不同倍性的20个种,但只有其中1个八倍体种凤梨草莓被广泛栽培。

森林草莓是第一个被驯化的野生草莓,古罗马人、古希腊人最初把它们栽培在花园里。15~16世纪森林草莓已在整个欧洲种植,直到17世纪初被来自加拿大东部和美国弗吉尼亚州的弗州草莓逐渐替代。20世纪中叶,弗州草莓在欧洲仍有少量栽培。

16世纪中叶,西班牙人发现智利的印第安人部落栽培有智利草莓,18世纪初一个考察智利的法国使团将智利草莓带到了法国。之后,法国草莓在荷兰、英国等地传播,并与弗州草莓混栽。这种栽培方式于18世纪中期在欧洲推广,并在法国西北部的布列塔尼地区的花园里出现了果实和形态特征异常的特异苗。1766年,年轻的法国植物学家安托万·尼古拉·杜申(Antoine Nicholas Duchesne)确定这些苗是智利草莓与弗州草莓的杂种,并且因为它们的果实香味像凤梨而将其命名为凤梨草莓,由此诞生了现代栽培种凤梨草莓。此后,该品种在西欧以英法为中心逐步传播到世界各地。据记载,凤梨草莓于1915年由俄罗斯传到中国,已有

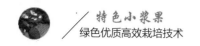

100多年的历史。虽然我国野生草莓资源十分丰富，但古代书籍中并没有草莓的记载，有记载的"莓"均是悬钩子属的树莓和蛇莓属的蛇莓。由此看出，我国野生草莓并未用于驯化栽培。

二 我国草莓栽培的发展

关于我国人工种植草莓的记录，最早为1915年俄罗斯侨民从莫斯科引进500株维多利亚草莓品种。这是我国草莓栽培的开始。

中华人民共和国成立前，草莓仅在城市附近零星栽培，没有形成商品化栽培。当时，草莓作为一种奢侈品，运至大城市繁华街头以高价出售。

中华人民共和国成立后，我国草莓的栽培曾一度有所发展。20世纪50年代，上海、南京等城市及近郊已经开始经济栽培。这个时期的草莓种植主要是对国外引进的品种进行筛选和栽培。沈阳农学院（现沈阳农业大学）在1959年从苏联两次共引入26个世界各主产国品种，其中包括美国品种"斯帕克""诺宾卡"等。

到20世纪80年代，随着我国改革开放政策的实施和农村经济体制的改革，草莓作为"短、平、快"的种植项目在各地得到迅速发展。我国陆续从国外引进推广了一批草莓优良品种，如"全明星""章姬""枥乙女"等数十个新品种。其中，"全明星"草莓品种更是成为华北地区、东北地区、西北地区生产中的主栽品种。

在引进国外品种的基础上，有目标、有计划的草莓育种工作在我国各地相继展开，选育出了一批适合我国国情的优良新品种。随着草莓在经济上的火热，新的品种和种植技术也被不断培育、推广，迎来了30年的高速增长。

▶ 第三节　我国草莓产区划分

目前，中国草莓种植面积位居世界首位，全球草莓产量排名前三的国家依次是中国、美国和墨西哥。我国的草莓产地主要分布在辽宁、河北、山东、江苏等地区。近年来,四川、安徽、新疆、北京、台湾等地区的草莓种植发展也很快,其他地区基本都有小面积种植。

依据地理位置和自然条件,我国的草莓产地可被划分为三大产区,即北方产区、中部产区和南方产区。北方产区包括秦岭与淮河以北,东北、华北、西北诸省;中部产区包括秦岭与淮河以南、长江流域诸省;南方产区包括南岭山脉以南、华南诸省。

我国有两个国家果树草莓种质资源圃,分别在北京市农林科学院林业果树研究所和江苏省农业科学院园艺研究所,共收集和保存野生草莓、地方品种、引进品种及国内各研究所新育成的品种(系)等种质资源1 000余份。

第二章 草莓品种分类

第一节 草莓属植物分类

　　雷家军教授等人在"世界草莓属植物的种类与分布"中指出,自然界草莓属植物约有24个种(表2-1),倍性丰富,存在$2x$、$4x$、$5x$、$6x$、$8x$、$10x$这些不同的倍性种类,其染色体基数为$x=7$。草莓属植物分布广泛,有三大起源中心,分别为美洲起源中心,包括北美洲全部和南美洲的太平洋沿岸地区;欧洲起源中心,包括欧洲全部;亚洲起源中心,包括中国、西伯利亚、日本、阿富汗、伊朗和黑海沿岸地区。只有二倍体森林草莓(*F.vesca* L.)在欧洲、亚洲北部和北美洲均有分布,其他所有种类只局限于特定区域或某个大陆。二倍体种有中亚和远东两个多样性中心,四倍体只分布于东亚和东南亚,五倍体草莓在美国加利福尼亚州和中国东北地区被发现。唯一的六倍体麝香草莓(*F.moschata* Duch.)仅分布于欧洲中北部。八倍体智利草莓[*F.chiloensis*(L.) Duch.]和弗州草莓(*F.virginiana* Duch.)主要分布在南美洲和北美洲。十倍体草莓的两个品种分别分布于太平洋西北部的千岛群岛和美国俄勒冈州。

表2-1　世界草莓属(Fragaria)植物的种类与分布(雷家军,2003)

倍性	种	世界分布	中国分布
二倍体 ($2n=2x=$ 14)	森林草莓(*F.vesca* L)	欧洲、亚洲北部、北美洲	新疆、吉林、黑龙江
	黄毛草莓(*F.nilgerrensis* Schlect.)	亚洲南部	云南、四川、陕西、贵州、湖南、湖北、台湾
	绿色草莓(*F.viridis* Duch.)	欧洲、东亚	新疆

续　表

倍性	种	世界分布	中国分布
二倍体 (2n＝2x＝14)	裂萼草莓(*F.daltoniana* LindL.)	喜马拉雅山	西藏
	西藏草莓(*F.nubicola* Lindl.)	喜马拉雅山	西藏
	五叶草莓(*F.pentaphylla* Lozinsk.)	中国西北部	四川、青海、甘肃、陕西、河南
	东北草莓(*F.mandschurica* Staudt)	中国东北部	吉林、黑龙江、内蒙古
	中国草莓(*F.chinensis* Lozinsk.)	中国西中部	青海、甘肃、四川、湖北、陕西、西藏、河南
	日本草莓(*F.nipponica* Lindl.)	日本中北部	—
	饭沼草莓(*F.iinumae* Makino.)	日本西北部	—
	两季草莓(*F.×bifera* Duch.)	欧洲	—
	布哈拉草莓(*F.bucharica* Lozinsk.)	喜马拉雅山西部	—
四倍体 (2n＝4x＝28)	东方草莓(*F.orientalis* Lozinsk.)	中国、蒙古、朝鲜	吉林、黑龙江、辽宁、内蒙古
	西南草莓[*F.moupinensis*(Franch)Card.]	中国西南部	西藏、四川、云南、青海、甘肃、陕西
	伞房草莓(*F.corymbosa* Lozinsk.)	中国西北部	甘肃、山西、陕西、河南、河北
	纤细草莓(*F.gracilis* Lozinsk.)	中国西北部	青海、四川、云南、湖北
	高原草莓(*F.tibetica* Staudt et Dickore)	中国西部	西藏、四川
五倍体 (2n＝5x＝35)	布氏草莓(*F.×bringhurstii* Staudt)	美国加利福尼亚州、中国东北地区	吉林、黑龙江(为不同类型)
六倍体 (2n＝6x＝42)	麝香草莓(*F.moschata* Duch.)	欧洲中北部	—
八倍体 (2n＝8x＝56)	智利草莓[*F.chiloensis*(L.) Duch.]	北美洲、南美洲、太平洋沿岸	—
	弗州草莓(*F.virginiana* Duch.)	北美洲中东部	—
	凤梨草莓(*F.×ananassa* Duch.)	世界各国均引种栽培	中国各地均有栽培
十倍体 (2n＝10x＝70)	择捉草莓(*F.iturupensis* Staudt)	千岛群岛	—
	瀑布草莓(*F.cascadensis* Hummer)	美国俄勒冈州	—

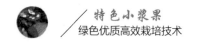

▶ 第二节 中国草莓属植物的分类

从世界草莓属分类来看,中国野生草莓资源十分丰富。其中天山山脉、长白山山脉、大兴安岭、秦岭山脉、云贵高原、青藏高原是天然的野生草莓基因库,蕴藏着数量众多、种类丰富的野生草莓,有较多的种、变种和类型。但我国对草莓属植物的分类研究和描述记载较晚,我国著名植物分类学家俞德浚院士在《中国果树分类学》(1979)中记述"草莓属植物约有50种,原产于我国约7种,1种系引种栽培",这被之后的许多果树分类学书籍、教科书及研究论文沿用,直至20世纪90年代中期。《中国植物志·第三十七卷》(1985)中认为"草莓属约20余种,我国产约8种,1种为引种栽培",并对我国分布的草莓种类进行了全面系统的描述记载。

沈阳农业大学自20世纪80年代开始进行草莓收集工作,是世界上收集保存野生草莓资源最多的单位之一。该校在后续工作中,重新确定了中国草莓属植物的种类与分布,也对我国野生草莓资源进行了最新认定,即中国自然分布13个种,包含8个二倍体种:森林草莓(*F. vesca* L)、黄毛草莓(*F. nilgerrensis* Schlect.)、五叶草莓(*F. pentaphylla*)、西藏草莓(*F. nubicola*)、中国草莓(*F.chinensis* Lozinsk.)、绿色草莓(*F. viridis*)、裂萼草莓(*F. daltoniana*)、东北草莓(*F. mandschurica*);5个四倍体种:东方草莓(*F. orientalis.*)、西南草莓(*F. moupinensis*)、伞房草莓(*F. corymbosa*)、纤细草莓(*F. gracilis*)、高原草莓(*F. tibetica*)。

第三节 草莓优良品种简介

一 国外引进品种

1. 红颜

"红颜"由日本静冈县久枥木草莓繁育场培育,是以"幸香"为父本、"章姬"为母本杂交选育而成的大果型草莓新品种,在国内又被称为"99草莓""红颊"等(图2-1)。其生长势强,植株较高(25厘米),叶片大而厚,叶柄浅绿色。该品种可以抽发4次花序,休眠浅,连续结果性强,平均单株产量在300克以上,最大单果重可达100克,一般在20~60克,亩产(1亩≈667平方米)2 000千克左右。果实呈圆锥形,果皮红色,富有光泽,果肉橙红色,紧实多汁,韧性强,香味浓,糖度高。果实硬度大,耐贮运。鲜食加工兼用,适合大棚设施种植。对炭疽病、灰霉病较敏感。

图2-1 草莓品种"红颜"

2. 章姬

"章姬"由日本静冈县农民培育,用"久能早生"与"女峰"杂交育成(图2-2)。其植株生长势强,繁殖能力中等,第一级序果平均单果重40克,最大单果重130克左右,亩产2 000千克以上。果实呈长圆锥形、鲜红色,果个大,畸形少,可溶性固形物含量为10%~15%,糖度高,酸度低,味浓甜、口感好,果色艳丽,柔软多汁。中抗炭疽病和白粉病,丰产性好。缺点是果实较软,不耐运输,适合在都市郊区鲜食采摘种植。

图2-2 草莓品种"章姬"

3. 甜查理

"甜查理"为美国草莓品种(图2-3)。该品种休眠期短,早熟,抗逆性强,大果型。其植株生长势强,株型半开张,叶色深绿,圆形叶片大而

图2-3 草莓品种"甜查理"

厚。第一级序果平均单果重41克,最大单果重达105克。丰产性能好,亩产2 500~3 000千克。果实呈圆锥形或楔形,果面鲜红色,有光泽,果肉橙色,鲜果含糖量在8.5%~9.5%,可溶性固形物含量约为7.0%,香味浓,口感偏酸。果实硬度中等,较耐贮运,果实商品率达90%以上,品质好且稳定,目前国内栽培相对较少。适合北方日光温室栽培,抗病性强。

4. 雪兔

"雪兔"来源于日本(图2-4)。其株型中等,叶片深绿色,顶部小叶叶缘为钝锯齿状,横截面向上曲折。花瓣表面颜色为白色,果实长宽比相同,果实形状为圆锥形,平均单果重为35克,在众多白草莓中属于大果型品种。果皮为粉红色或白色,果肉白色,果实硬度中等,果肉细腻,果实中间易出现空洞。有桃子香味,酸味少,微甜,抗病性强。

图2-4　草莓品种"雪兔"

5. 天仙醉

"天仙醉"于2011年从以色列引进,是"章姬"与"法兰蒂"的杂交后代(图2-5)。其植株生长势强,株型紧凑,株高约22厘米,株冠30厘米×25厘米,匍匐茎抽生能力强。栽培后分蘖2个或3个侧枝,浅休眠,早熟品种。花茎长20~25厘米,花序抽生多,各花序连续抽生。果个大,畸形果极少;顶果重约76克,丰产性能好;果形为长圆锥形、美观,果面平整,鲜红,种子微凹于果面,分布均匀。果肉白色,质地与"章姬"相当,可溶性固形物在12%以上,甜酸适口,风味极佳,香气浓,贮运性能中等。抗草莓炭疽病、灰霉病,中感白粉病。

图2-5 草莓品种"天仙醉"

6.蒙特瑞

"蒙特瑞"为美国加州的日中性品种,全年都可以开花结果(图2-

图2-6 草莓品种"蒙特瑞"

6)。其叶片绿,植株长势强,较直立,分枝较多,连续结果能力强。果实个头大,平均单果重33克,大果重60克。丰产性能好,产量高,亩产6 000千克以上。果实为圆锥形,鲜红色,品质优,风味甜,可溶性固形物含量在10%以上。果实硬度稍小于"阿尔比",更耐夏季高温。可周年结果,适宜促成栽培及夏季栽培,抗病性强。

7. 圣诞红

"圣诞红"由韩国庆尚北道农业技术院星州香瓜果蔬研究所培育,为"梅香"和"香雪"杂交培育而成的新品种(图2-7)。株型直立,生长势强,叶片为椭圆形,适合促成或超促成栽培,休眠浅,花芽分化快,每个花序开花数为11个左右,平均单果重为18.8克,属于大果型品种。第一花序的早期发芽性能好,可进行超促成栽培,耐贮运。与其他品种相比,品质优,风味优,甜度Brix值为11.2%,硬度高,60%～70%着色时可以收获,适合出口。对白粉病的抗性强,对镰孢枯萎病的抗性差。

图2-7　草莓品种"圣诞红"

8. 隋珠

"隋珠"是由日本选育的草莓品种,又名"香野",有"草莓帝王"的美誉(图2-8)。其植株生长势强,株型直立,叶片呈椭圆形、绿色,成花容易,早熟丰产,连续结果能力强。果实呈圆锥形或长椭球形,果粒大,平均单果重25克,最大单果重100克。果面平整,有蜡质感,果实外皮呈红色,果肉呈橙红色。果肉入口清甜脆嫩、汁水充足,可溶性固形物含量为12%~14%,甜度明显高于"章姬""甜查理"等品种,口感与"红颜"草莓相比,更爽脆可口。植株本身具有较强的抗病性,能抵抗炭疽病、白粉病、红蜘蛛的侵害。

图2-8　草莓品种"隋珠"

二　自主选育品种

1. 红玉

"红玉"是杭州市农业科学研究院新选育的品种,果实呈长圆锥形,

图2-9　草莓品种"红玉"

果色为红色,着色均匀(图2-9)。果大,平均单果重23克左右,丰产性能好,亩产量可达3 000千克。低温少光照的环境下依然可以很好地坐果,畸形果少,品质佳,口感甜,可溶性固形物含量为8.6%~14.8%。抗病性强,苗期抗炭疽病,开花结果期不容易感染灰霉病。

2. 申琪

"申琪"是由上海市农业科学院以"红颜"为母本、"章姬"为父本杂交育成的优质抗炭疽病草莓新品种(图2-10)。其株形半开张,生长势旺,花序较粗状,早熟稳产。果实呈长圆锥形或长窄楔形,坐果率较高,整齐度好,几乎没有畸形果。正常亩产能到2 000千克左右,比同系列品种硬度高。其第一、二级序果平均单果重26克,果形指数1.53。果面鲜红,富有光泽,果肉浅红色,肉细、汁液多、适口性佳,香气浓。可溶性固形物含量在10.5%~13.0%。适合上海等长江流域地区促成栽培。炭疽病抗性较"红颜""章姬"明显提高,病果(株)率减少15%以上,中抗灰霉病。

图2-10　草莓品种"申琪"

3. 越秀

"越秀"由浙江省农业科学院园艺研究所培育(图2-11)。该品种产量高,第一、二级序果平均果重25克,大果可达50克,果形周正,果个大而匀称。果实外表颜色红润,肉质紧实,采摘后颜色不会变暗,果实硬度好,耐运输,货架期长。口感好、甜度高于"红颜",没有酸味。适合礼盒

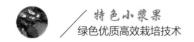

包装,有利于提升产品附加值。品种抗病性强,环境适应性强,受阴雨天影响小。

图2-11 草莓品种"越秀"

4. 皖香

"皖香"由安徽省农业科学院园艺研究所选育(图2-12)。果实呈长圆锥形,果形端正,果面粉红色或橙红色。该品种香味浓郁,口感香甜,可溶性固形物含量大多在12%~13%,最高达17.1%,即使是后期仍可保

图2-12 草莓品种"皖香"

持非常可观的甜度,可滴定酸含量为0.62%,硬度为1.46千克/厘米²。早熟,高产,亩产可达1 859.3千克。抗病性强,畸形果率较低,综合性状优良,灰霉病、叶螨、蚜虫等病虫害发生相对较少。与"红颜"相比,"皖香"育苗较容易,繁苗量高,耐叶片黄化。该品种非常适宜于安徽省及邻近省份草莓观光休闲采摘,已在安徽省内部分地区推广种植。

5. 冰雪公主

"冰雪公主"是由安徽省农业科学院园艺研究所选育的早熟抗病草莓新品种,以"香野"为母本、"皖欣"为父本进行杂交选育而成(图2-13)。植株生长势强,果实呈圆锥形,果实纵横径为4.8厘米×4.3厘米,第一级序果平均单果重18.26克,最大单果重58.6克。果实白色,光泽性好,硬度高。种子黄绿色,与果面基本平齐,分布均匀。果肉白色,髓心白色、较小,果实完熟后髓心基本无空洞,果肉质地韧,酸甜适中,可溶性固形物含量为11.6%~12.3%,总酸含量为0.64%,硬度较高,平均为1.74千克/厘米²。2020年获得安徽省园艺学会品种审定委员会认定。

图2-13 草莓品种"冰雪公主"

6. 长丰红玉

"长丰红玉"是由安徽省农业科学院园艺所与长丰农业农村局共同培育的早熟草莓新品种,以"隋珠"为母本、"佐贺清香"为父本进行杂交选育而成(图2-14)。植株较开展,生长势强,叶片近长椭圆形、深绿色、

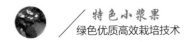

大而肥厚,质地较粗糙、略革质,有光泽。花序连续抽生性好,单花序花数为4~7个。花朵大,花瓣白色。平均单果重25.2克,平均纵横径4.75厘米×4.21厘米,可溶性固形物为13.82%。果实呈长圆锥形,果面鲜红色,果肉淡黄色,肉质细腻,味甜微酸,香气浓郁,果实硬度较高,抗病性较强,早期产量较高。

图2-14 草莓品种"长丰红玉"

第三章 草莓脱毒种苗繁育技术

本技术主要适用于安徽省草莓脱毒种苗的繁育,其他同类草莓产区亦可参考。本方法繁育的种苗包括脱毒原原种苗、脱毒原种苗和脱毒生产种苗三种。脱毒原原种苗是利用组织培养等途径获得的试管苗,经检测确认不携带规定检测病毒且移栽成活后的植株,用于繁育原种苗。脱毒原种苗是指用脱毒原原种苗,在隔离网条件下繁殖出的第一代苗。脱毒生产种苗是指用脱毒原种(或原原种)苗,在自然隔离条件下繁殖出的直接用于大田生产的种苗。

▶ 第一节 草莓脱毒原原种苗的生产

一 品种选择

根据当地栽培习惯、生产方式和市场需求选择针对性的草莓品种。尽量选择适合促成栽培的早熟休眠浅的品种,如"红颜""章姬""皖香""长丰红玉"等。

二 草莓脱毒方法

主要采用匍匐茎茎尖分生组织培养与高温钝化病毒相结合的方法。

1. 茎尖分生组织培养

(1)培养基配置灭菌。使用pH为5.8~6.0的MS基本培养基配方附加不同种类和数量的激素。将制备好的培养基溶液分装于培养瓶,每瓶15~20毫升,盖上瓶盖,高压灭菌锅121℃灭菌20分钟,冷却后备用。

(2)采集外植体。采样最佳时间为4—6月份晴天中午,待叶片上的露水干了后,选择无病虫、种质纯正且健壮的草莓植株,切取带生长点的匍匐茎段10～20厘米,置于自来水下连续冲洗1小时以上。

(3)茎尖分生组织的获取。将表面冲洗过的草莓匍匐茎置于超净工作台上,用70%乙醇表面消毒45秒后,用1.0%～2.0%次氯酸钠消毒8～10分钟,之后用无菌水冲洗3～5次后接种。在超净工作台中的解剖镜下利用解剖刀剥取0.2～0.3毫米的茎尖分生组织,将其接种于茎尖诱导培养基(MS+0.3～0.6毫克/升6-BA+0.1～0.3毫克/升IBA)中进行培养,每瓶接种3～4个茎尖。

(4)培养条件。培养的温度一般为24～26℃,光照强度为2 000～3 000勒克斯,每天照光12～14小时。

2. 病毒检测

(1)检测病毒种类。主要有四种病毒:草莓斑驳病毒(SMOV)、草莓轻型黄边病毒(SMYEV)、草莓镶脉病毒(SVBV)和草莓皱缩病毒(SCV)。

(2)病毒检测方法。主要有:指示植物小叶嫁接检测法、电子显微镜检测法、血清免疫检测法和分子生物学检测法。在生产中建议使用分子生物学检测法。

3. 去除带病毒株系

检测前,先对茎尖脱毒组织培养试管苗进行株系标记,再进行病毒分子检测,根据检测结果确定无病毒株系和带病毒株系,再根据标记淘汰病毒株系试管苗,保留无病毒株系,进入继代培养和试管苗扩繁。

4. 继代培养

在无菌条件下,对确认的无病毒株系进行继代增殖培养,培养基为MS+0.3～0.5毫克/升6-BA+0.1毫克/升IBA,培养条件同上所述。增殖培养每隔20～30天继代一次,繁殖系数为3～5倍。

5. 生根培养

选2～3厘米的组培小苗转入1/2 MS生根培养基中进行生根培养,培养条件同上所述。在生根过程中,待组培苗叶片在4片以上、苗高4～6厘米、根长3～4厘米、根数在4～5条即可去盖进行炼苗。

6. 炼苗移栽

(1)炼苗。在炼苗间内,打开生根苗瓶口,自然环境条件下放置2～3天。其间喷水保湿3～4次,以防止组培苗叶片发卷、干枯,甚至死苗。

(2)洗苗。将培养瓶中经过炼苗处理的组培苗取出,用干净的水小心洗净根上的培养基。

(3)移栽基质的配制。移栽基质采用未使用过的草炭和珍珠岩混合而成,比例按3份草炭和1份珍珠岩混匀且不添加任何形式的肥料,pH调至5.5～6.5。

(4)移栽。一般选择在温度较凉爽的3—5月或10—11月移栽。在隔离网棚内采用育苗床或营养钵、穴盘等育苗容器移栽。移栽初期温度保持在18～25℃,湿度为85%～95%,基质含水量为70%～80%,适当遮阳和保湿。2周后待种苗逐渐直立生长后转入常规管理。此时的种苗即脱毒原原种苗。2～3个月后,可将脱毒原原种苗移栽定植到大田中,进行脱毒原种苗的繁育。

▶ 第二节　草莓脱毒原种苗的繁育

一　产地环境

1. 产地环境的选择

草莓苗的产地环境应远离工业污染且靠近优质水源。

2. 土壤条件

用于脱毒原种苗繁育的地块应选择土层深厚、地形平坦、排灌方便、结构疏松肥沃的微酸性或中性土壤田块。上述田块4～5年内未种植过草莓,且远离草莓生产地块5～10千米。前茬忌种植番茄、辣椒、茄子、马铃薯和西瓜等茄果类作物。

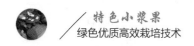

二 网室隔离

网室建造一般用钢架结构建成宽8米、长40～60米、脊高2米以上的拱形网室,上面覆盖40目的尼龙防虫网并固定,网室可单栋或连栋。

三 整地施肥

1.施肥原则

施用的肥料应为登记的各种复合肥料和发酵完全的农家肥,禁止使用各种含氯复合肥。

2.施肥

每亩地施1 000～2 000千克发酵完全的农家肥,过磷酸钙肥20千克,深翻20厘米后起垄做畦。

3.起垄做畦

待田块耕匀后将田块做成宽1.3～1.5米、沟宽30厘米、深25厘米的长畦,使用机械开通腰沟和围沟,不同田块之间可以通过管道连接,做到旱可浇、涝可排,有效防止高温干旱和暴雨对草莓种苗繁育的影响。

四 母株定植

1.母株选择

使用品种纯正、健壮且无明显病虫害的脱毒原原种苗。

2.定植时间

一般选择春季3月底至4月,当日平均气温在10～15℃及以上时定植原原种母株。

3.定植方式

将母株单行定植在畦中间,株距为50～80厘米。每亩定植900～1 000株。植株栽植的深度为苗心茎基部与地面基本平齐。

五 田间管理

1. 水肥管理

初次定植时一定要浇足定根水,之后小水勤浇,直至草莓基本成活。草莓匍匐茎发生期间,保持土壤湿润,同时施肥以促进匍匐茎苗扎根生长。母株初抽匍匐茎时,施一次硫酸钾复合肥15~25千克/亩,于植株两侧20厘米处开沟施入。匍匐茎多发期可每隔15天在叶面喷施1次0.2%~0.3%磷酸二氢钾。

2. 摘叶和花序

及时摘除枯叶、老叶、病叶,减少病害的发生。及早去掉母株的花序,减少养分的消耗,有利于匍匐茎的早生和多生。

3. 引压匍匐茎

匍匐茎发生后,应在母株四周均匀摆布,并沿着生苗节位处进行压蔓,以促进子苗的生根。

4. 中耕除草

前期结合松土一并除草,提高土壤通透性,保持墒情,深度2~3厘米。生长中后期为避免伤到子苗要及时人工除草。

5. 遮阳

7~8月,当气温高于35℃时,造成热害,植株停止生长或死亡,可搭棚盖遮阳网降温。

6. 适龄原种苗出圃

当成龄叶片4片以上,初生根6条以上,根系分布均匀舒展,叶片正常,新芽饱满,无机械损伤,无病虫害时,即可出圃移栽定植原种苗。

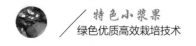

▶ 第三节　草莓脱毒生产种苗的繁育

一）产地环境

同第二节所述。

二）整地施肥

同第二节所述。

三）母株选择

选用品种纯正、健壮、无病虫害且经过遗传稳定性检测的草莓脱毒原种苗。

四）草莓定植及管理

同第二节所述。

五）假植育苗

1. 时间

草莓移栽前45~50天进行，假植应在傍晚或阴天进行。假植时如遇高温天气应覆盖遮阳网以防止移栽后死苗。

2. 方法

假植畦宽150厘米（其中沟宽30厘米、沟深25厘米），假植时选择2~3片展开叶、植株健壮、根系发达的幼苗，带土移植，栽植行株距为15厘米×20厘米，种植后立即浇水，以确保成活。

3. 假植苗管理

做到边起苗边种植边浇水，种后及时搭棚覆盖遮阳网等进行遮阳，以促进成活。种后3~5天，每天浇水1~2次，以保持土壤湿润。成活后,除去遮阳物,结合浇水进行2～3次追肥,肥料应以氮素为主,以促进茎叶迅速生长。

4. 促进花芽分化

待假植苗长出2～3片新叶时,要及时摘除老叶和黄叶,假植后期也要通过摘叶控制叶量,保持4～5片叶。因为叶柄基部含有较多的赤霉素,摘除老叶可减少赤霉素含量,有利于促进花芽分化。同时,8月中旬后控制氮肥的使用,并控制水分,保持土壤适度干燥,促进草莓花芽分化。

5. 壮苗标准

叶柄短,具3～4片展开叶,叶大而肥厚,根茎粗0.9～1.2厘米,根系发达,白根较多,苗重20～25克。顶花芽分化已完成,表面基本无病虫害。

▶ 第四节　草莓种苗病虫害的防治

一 防治原则

提倡生物防治和物理防治,严格按照"预防为主,综合防治"为主的原则进行化学防治。

二 农业、物理防治

发现病株、病叶应及时清除烧毁或深埋;7—8月利用太阳能+棉隆高温处理土壤;利用防虫网防止害虫为害,在网室进出口处挂银灰色地膜驱避蚜虫;使用黄、蓝板防控蓟马和蚜虫。

三 化学防治

药剂的使用遵守农药合理使用准则,禁止不按照科学规定使用农药。

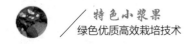
1. 病害防治

7月后,高温多雨,需每隔10～15天喷1次杀菌剂,如百泰、福美双和代森联等,以防控叶斑病、白粉病等细菌性及真菌性病害。用拿敌稳、吡唑醚菌酯、二氰蒽醌等,可有效防治草莓炭疽病的发生。

2. 虫害防治

5—6月应注意及时防治蚜虫,一般每隔10天左右喷1次特福力、吡虫啉等;斜纹夜蛾可用亮泰、宝剑等喷施防治;蛴螬、蝼蛄等地下害虫可用敌百虫、毒死蜱、辛硫磷灌根或浇灌防治;螨虫可用金满枝和阿维菌素或啶虫脒等喷药防治。

第四章 草莓设施栽培技术

本章介绍了草莓设施栽培环境与种苗选择、轻简化设施栽培、病虫害防治等技术,适用于安徽省及周边地区日光温室和塑料大棚草莓促成栽培生产。

▶ 第一节 草莓设施栽培环境与种苗选择

一 设施栽培环境要求

1. 产地环境

草莓生产的产地环境条件应符合草莓生产无污染的规定,选择生态条件好,远离工业污染源,并具有可持续生产能力的农业生产区域。

2. 园地选址

选择无工业污染且有良好的灌溉和排水条件的地块,要求质地疏松、透气、肥沃,pH呈微酸性或偏中性(pH为5.5~7.0)为佳,但不限于此类型土壤。土层深厚,保持地下水位1.0米以下。选择与草莓无共同病虫害的小麦、玉米、水稻、豆类等为前茬作物,前茬忌马铃薯、茄子、西红柿等茄科及西瓜、甜瓜等葫芦科作物。

3. 设施类型

草莓促成栽培主要设施类型为设施塑料大棚,北方地区建议采用二或三层设施大棚,南方地区采用二层塑料膜覆盖的大棚。

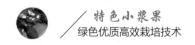
二 品种与种苗选择

1. 品种选择

草莓设施促成栽培应选择休眠浅、早熟、优质、丰产和抗病的草莓品种,根据品种特性、土壤条件、销售模式等选择适宜的品种进行种植。

2. 种苗选择

选择苗龄在2个月以上,具有4片以上的平展叶片,叶色呈鲜绿色,叶柄粗壮而不徒长,根茎粗度在1厘米以上,根系发达,须根多而粗,呈黄白色,苗重20克以上,中心芽饱满,顶端花芽分化已完成,无主要病虫害的种苗。

第二节　草莓轻简化设施栽培技术

一 土壤消毒

1. 夏季高温消毒

在夏季高温季节,将基肥中的农家肥施入土壤,深翻30~40厘米,灌透水并铺上滴灌带,将塑料薄膜平铺覆盖并放下大棚膜,膜四周压实,密封土壤50~60天。

2. 化学药剂消毒

对连作三年以上的田块,使用消毒处理。常用棉隆(必速灭)或石灰氮(氰氨化钙)进行消毒。前茬草莓生产结束后仔细整地,提前浇水,深耕20厘米以上,土壤湿度保持在70%以上,每亩使用棉隆20~25千克,均匀撒施于地面上,施药后立即使用旋耕机混土,混匀后加盖塑料薄膜,夏季覆盖时间为21天以上。消毒结束后,揭开地膜曝气7~10天及以上,让有害气体尽快散发,避免残留的有害气体影响草莓苗的成活。

二 整地

8月中旬平整土地,施入基肥,深翻耙匀后做成南北走向的高垄。垄的规格为:上宽40～50厘米,下宽50～70厘米,高30～40厘米,垄沟宽30厘米。做好垄后安装喷灌和滴灌设备,定植后一个星期内使用喷灌,以提高成活率,成活后撤掉喷灌,使用滴灌。

三 定植

1.定植时间

安徽省一般选在8月底至9月上中旬开始定植,不同年份可以根据当年的具体情况适当调整。

2.定植方法

定植前在垄面铺设好微喷灌,在垄上及时整理不平整的地方。单垄双行定植,植株距垄沿8～12厘米,株距为18～23厘米,小行距为20～30厘米,每亩定植7 000株左右,淮河以北地区可根据情况适当增加至8 000～10 000株/亩。起苗前3～5天苗床浇透水并喷施"送嫁肥",边起苗、边定植,定植时要做到"深不埋心、浅不露根",种苗的弓背朝向垄沟。定植后一个星期内可根据实际情况每天喷水4～6次,一个星期后待根系长成后可依据土壤墒情进行灌溉,同时喷洒广谱性杀菌剂1～2次。

四 栽培管理

1.肥水管理

(1)施肥原则。由于草莓忌氯元素,所以一般尽量避免使用含氯复合肥。肥料可在定植成活后进行滴灌施入,也可在覆膜前将肥料施入土壤中。

(2)施足基肥。整地时每亩施入腐熟的优质农家肥1 000～2 000千克和腐熟饼肥100～150千克,45%硫酸钾型氮磷钾三元复合肥30～40千克,过磷酸钙20～30千克。

(3)适时追肥。在铺地膜前追肥1次,每亩施氮磷钾三元复合肥(15-

15-15)15～20千克,在顶花序现蕾期、果实膨大期、采收前和采收后,一直到整个草莓采收结束前,每隔15～20天追施1次水溶性肥料,每次亩施氮磷钾水溶肥3～5千克,同时配合3～5千克水溶有机肥随水滴灌施入,以保证草莓在整个开花结果期都能有足够的营养补充。

(4)叶面施肥。开花前喷施1～2次中微量元素水溶性肥料(主要包括钙、镁、硼等中微量元素);从9月下旬开始,间隔15～20天喷施1次0.2%～0.3%磷酸二氢钾,复配氨基酸水溶性肥料、黄腐酸等有机型叶面水溶性肥料;从10月上旬开始,间隔10天叶面喷施1次0.1%～0.2%的螯合水溶性钙。对于淮河以北的土壤碱性较大的地区,每隔10天叶面喷施1次0.1%～0.2%的螯合铁,连续3～4次。

2. 温湿度管理

(1)扣棚与覆膜。外界最低气温降到10℃左右、平均温度降到15℃左右为保温覆盖外层薄膜的最佳时期。南方一般在10月中下旬至11月上旬,北方地区一般在10月中下旬。扣棚后一个星期内便可覆盖地膜,建议整棚覆盖,不露土壤,可以使用黑色膜或银黑双色薄膜。当夜间气温低于5℃时,设施大棚可以覆盖毛毡或草帘,塑料大棚需要覆盖二膜;当夜间气温低于0℃时,塑料大棚必须覆盖三膜。

(2)温度管理。保温开始后,给予较高的温度,白天25～28℃,最高不超过30℃,注意防止由于高温而导致的种苗徒长影响开花结果。夜间12～15℃,最低不低于8℃。现蕾期:白天23～26℃,夜间10～15℃,不可超过15℃。开花期:白天22～25℃,夜间8～10℃。膨果期:白天23～25℃,夜间5～10℃。果实采收期:白天20～25℃,夜间5～8℃。

(3)湿度管理。土壤含水量,花芽分化期达到田间持水量的50%～60%,营养生长期达到70%～75%,果实膨大期达到80%～85%。棚室内空气相对湿度应控制在60%～70%。

3. 植株管理

安徽省主栽草莓品种"红颜"因长势较强导致分蘖较多,一般顶花序开花时在主茎两侧保留1～2个健壮侧芽,其余弱小侧芽和匍匐茎应及早摘除,每株保留10～15片绿叶,定期摘除衰老叶片。

一般在大约2亩的大棚放置1箱蜜蜂,蜜蜂数量通常以每株草莓1只为宜,花开前3~5天将蜂箱迁入设施大棚。前期人工喂养,在10%植株初花时放蜂。注意在使用有害杀虫剂、杀菌剂或烟熏剂时应提前将蜜蜂移出大棚,过5~6天后再将蜜蜂移进大棚。

在进行花果管理期间,通常将草莓的花序梳理至垄的外侧以便通风透光和方便采摘。在开花初期可以将小花和小果摘除,同时在幼果青色期将病虫果和畸形果一并疏除,大果型品种每花序保留4~5个果,中等果型品种每花序保留5~6个果。

五 病虫害防治

1. 农业防治

草莓的病害防治一般采用"预防为主,综合防控"的策略。通常选用脱毒种苗,避免选择在前茬为茄果类的地块栽植草莓,整棚地膜覆盖,严格控制田间湿度;实行轮作,定植前深耕,采用高畦栽培,合理密植,控制施肥量;清除病原,及时摘除病叶、老叶及感病植株,将病果和烂果及时带出大棚并深埋处理;一季结束后彻底清园,以减少初侵染菌源和虫源。

2. 药剂防治

应选用高效低毒易降解的农药如生物农药以及生物防治等,对症下药,及时用药,同时应严格注意药剂的轮换使用,以防止病原菌对药剂产生抗药性;对化学农药的使用情况进行严格和准确的登记。

第三节 草莓的采收与运输

一 采收

1. 采收时期

果实表面着色达到70%~80%,果实由硬变软时应及时分批采收。采收的时间一般在清晨和傍晚较好,可以在采摘过程中根据草莓的大小

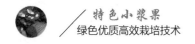

进行分级放置,以减少果面受损的概率。

2. 采收方法

在采摘草莓鲜果时,应佩戴白色的丝质手套,以防止采摘过程中对草莓鲜果的果面产生指纹和碰伤,最终导致草莓鲜果商品价值的降低。采摘的果实要求果柄短,不损伤花萼,基本无机械损伤。硬果型品种采收时,用手轻握草莓斜向上扭一下,果实即可轻松摘下,一般不带果柄。通常鲜果采摘1小时内,应迅速放进冷库预冷1小时以上,同时在冷库内进行鲜果的分级和包装。

二 草莓鲜果的运输

草莓鲜果在分级后,根据大小分别放入不同类型的泡沫箱中。首先,在泡沫箱的底部垫上薄海绵泡沫塑料,一般箱内果实堆放高度不超过二层,单层摆放更好,以防压损草莓;其次,在泡沫箱上面覆盖保鲜膜,同时在泡沫箱四周放入冰袋,这样泡沫箱可以叠加放置,增大空间利用率;最后,长途运输草莓鲜果时,可使用低温冷藏车,以减少运输过程中的损耗。

第一节 草莓常见病害的识别与防治

一 草莓白粉病

1. 危害特征

主要危害叶片和果实,在叶柄、花、梗少有发生(图5-1)。

(1)叶片受害:初期在叶背出现白色近圆形星状小粉斑,后扩展成边缘不明显的连片白粉,严重时整片叶布满白粉,叶缘向上卷曲变形,叶质变脆;后期变为红褐色病斑,叶缘萎缩,病叶枯黄。

(2)叶柄受害:覆有一层白粉。

(3)花蕾受害:不能开放或虽开花但不正常。

(4)果实受害:早期受害表现为幼果停止发育,表面覆盖白粉。后期受害表现为果面有一层白粉,着色缓慢,果实失去光泽,硬化,严重时变为1个白粉球,完全不能食用。

图5-1 草莓白粉病的危害症状

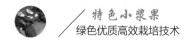

2.防治方法

(1)选种抗性品种;及时摘除残枝病叶,烧毁或深埋;合理密植,控制氮肥,增施磷钾肥,增强长势;雨后及时排水,保持通风;棚室栽培前可采用硫黄熏烟消毒。

(2)发病初期,可选择以下药剂进行防治:氟菌唑、醚菌酯或醚菌酯·啶酰菌胺。

二 草莓炭疽病

1.危害特征

主要危害匍匐茎、叶柄、叶片、果实(图5-2)。

(1)叶片受害:产生黑色纺锤形稍凹陷溃疡斑。

(2)匍匐茎和叶柄受害:行成环形圈病斑,扩展后病斑以上部分萎蔫枯死;湿度大时,病部可见肉红色黏状孢子堆;发生严重时,全株枯死。根茎部横切面观察,可见自外向内发生局部褐变。

(3)浆果受害:为近圆形褐色凹陷病斑,软腐状,后期长出肉红色黏状孢子堆。

图5-2　草莓炭疽病的危害症状

2.防治方法

(1)选种抗性品种;实行轮作;及时摘除残枝病叶,烧毁或深埋;持续高温天气灌"跑马水",并遮阳降温;合理密植,控制氮肥,增施磷钾肥,增强长势。

（2）发病初期，可选择以下药剂进行防治：吡唑醚菌酯、苯醚甲环唑、咪鲜胺。

三　草莓褐斑病

1. 危害特征

主要危害叶片，初期在叶上产生紫红色小斑点，后扩大，中间呈灰褐色或白色，边缘褐色，外围呈紫红色或棕红色，病健交界明显（图5-3）。叶尖部分病斑常呈"V"形扩展，有时呈"U"形病斑，组织枯死；严重时，病斑多互相融合，叶片变褐、枯死；后期病斑有不规则轮状排列的褐色小点，即分生孢子器。

图5-3　草莓褐斑病的危害症状

2. 防治方法

（1）及时摘除残枝病叶，烧毁或深埋；合理密植，控制氮肥，增施磷钾肥，增强长势。

（2）发病初期，可选择以下药剂进行防治：苯醚甲·丙环、异菌脲或嘧菌酯。

四　草莓轮斑病

1. 危害特征

主要危害叶片，初期在叶上产生紫褐色的小圆斑，后逐渐扩大为大小不等的斑，病斑中间呈灰褐色或灰白色，边缘紫褐色，病健交界明显，

斑上轮纹明显或不明显,其上密生小黑点(图5-4)。在叶尖部分的病斑常呈"V"形扩展,造成叶片组织枯死;发病严重时,病斑常常相互联合,致使全叶片变褐、枯死。

图5-4 草莓轮斑病的危害症状

2. 防治方法

(1)及时摘除残枝病叶,烧毁或深埋;合理密植,控制氮肥,增施磷钾肥,增强长势。

(2)发病初期,可选择以下药剂进行防治:苯醚甲环唑、吡唑醚菌酯或嘧菌酯。

五 草莓叶枯病

1. 危害特征

主要危害叶片,产生无光泽紫褐色浸润状小斑,后受叶脉限制发展成不规则形深紫色病斑,有时有黄晕,外缘呈放射状,常与旁边的病斑融合(图5-5)。数日后病斑中部革质,呈茶褐带灰色,枯干;严重时叶面布满病斑,后期全叶黄褐色,甚至枯死;有时在病部枯死部分长出褐色小粒点。叶柄和果梗有时也会受害,出现黑褐色凹陷病斑,病部组织变脆、易折断。

2. 防治方法

(1)选种较抗病品种;及时摘除残枝病叶,烧毁或深埋;合理密植,控制氮肥,花果期增施磷钾肥,增强长势;科学灌水,雨后及时排水,保持通风。

图 5-5　草莓叶枯病的危害症状

（2）发病初期，可选择以下药剂进行防治：代森锰锌、吡唑醚菌酯、嘧菌酯或多菌灵。

六　草莓黑斑病

1. 危害特征

主要侵害叶、叶柄、茎和浆果（图 5-6）。

（1）叶片发病：产生黑色不定形略呈轮纹状病斑，病斑中央灰褐色，有蜘蛛网状霉层，有黄晕。

（2）叶柄及匍匐茎发病：常为褐色小凹斑，当病斑围绕一周时，病部缢缩，叶柄或匍匐茎部被折断。

图 5-6　草莓黑斑病的危害症状

（3）浆果发病：贴地果染病较多，为黑色病斑，上有灰黑色烟灰状霉层，病斑仅在皮层并不深入果肉。

2. 防治方法

（1）选种较抗病品种；及时摘除残枝病叶，烧毁或深埋；合理密植，控制氮肥，花果期增施磷钾肥，增强长势；科学灌水，雨后及时排水，保持通风。

（2）发病初期，可选择以下药剂进行防治：多抗霉素、吡唑醚菌酯或嘧菌酯。

（七）草莓灰霉病

1. 危害特征

主要危害花、果实、果柄和叶片（图5-7）。

（1）花发病：花萼上有针眼大水渍状的斑点，后扩展成较大病斑，使幼果湿软腐烂；湿度大时，病部产生灰褐色霉状物。

（2）果实发病：果顶呈水渍状病斑，后变成灰褐色斑，气候潮湿时病果湿软腐化，病部产生灰色霉状物，气候干燥时病果呈干腐状，最终造成果实坠落。

（3）果柄发病：先产生褐色病斑，湿度大时，病部产生一层灰色霉层。

（4）叶片受害：初期叶基部产生水渍状病斑，扩大后病斑呈不规则形，湿度大时，病部可产生灰色霉层，发病严重时，病叶枯死。

图5-7　草莓灰霉病的危害症状

2. 防治方法

(1)选种较抗病品种;水旱轮作,或与十字花科蔬菜、豆科作物轮作;及时摘除残枝病叶,烧毁或深埋;合理密植,控制氮肥,花果期增施磷钾肥,增强长势;科学灌水,雨后及时排水,保持通风。

(2)发病初期,可选择以下药剂进行防治:啶酰菌胺、唑醚·氟酰胺或戊唑醇。

八 草莓疫病

1. 危害特征

(1)叶片受害:出现大块不规则的水浸状褐斑,背面生白霉状物,为病原菌的子实体。

(2)果实受害:幼果及未成熟果实上病部呈现褐色,与健部无明显界限,呈皮革状,并不软腐,但具腐败味,生白霉状病菌,内部维管束变色,果肉发苦;成熟的病果最终发软而呈粥状,有些则变为僵果(图5-8)。

(3)果柄、枝蔓受害:变褐色,也生白霉状子实体。

图5-8　草莓疫病的危害症状

2. 防治方法

(1)及时摘除残枝病叶,烧毁或深埋,减少病原菌;科学灌水,雨后及时排水,保持通风;采用地膜覆盖可大大减少发病。

(2)发病初期,可选择以下药剂进行防治:甲霜灵·锰锌、烯酰吗啉或吡唑醚菌酯·代森联。

九 草莓蛇眼病

1. 危害特征

主要危害叶片、果柄、花萼(图5-9)。

(1)叶片染病:初形成小而不规则的红色至紫红色病斑,扩大后中心变成灰白色圆斑,边缘紫红色,似蛇眼状,后期病斑上产生许多小黑点。

(2)果柄、花萼染病:形成边缘颜色较深的不规则形黄褐至黑褐色病斑,干燥时易从病部断开。

图5-9 草莓蛇眼病的危害症状

2. 防治方法

(1)及时摘除残枝病叶,烧毁或深埋;定植后汰除病苗;科学灌水,雨后及时排水,保持通风。

(2)发病初期,可选择以下药剂进行防治:春雷·王铜、吡唑醚菌酯或嘧菌酯。

十 草莓芽枯病

1. 危害特征

主要危害蕾、新芽、托叶和叶柄基部,引起苗期立枯,成株期引起叶片腐败、根腐和烂果等(图5-10)。

(1)植株基部发病:植株贴近地面部分初生无光泽褐斑,逐渐凹陷,并长出米黄至淡褐色蛛巢状线体,有时能把几个叶片缀连在一起。

(2)叶柄基部和托叶发病:病部干缩直立,叶片青枯倒垂;开花前受害,使花序失去生机,并逐渐青枯萎倒。

(3)新芽和蕾发病:逐渐萎蔫,呈青枯状或猝倒状,后变黑褐色、枯死。

(4)茎基部和根发病:皮层腐烂,地上部干枯容易拔起。

(5)果实发病:表面产生暗褐色不规则斑块、僵硬,最终全果干腐,温度高时可长出菌丝体。

(6)已着色的浆果发病:病部变褐,外围产生较宽的褐色白带,红色部分略转胭脂红色,色彩对比强烈鲜艳,并引起湿腐或干腐。与草莓灰霉病的区别在于本病不产生灰色霉状物。急性发病时,植株呈猝倒状。

图5-10 草莓芽枯病的危害症状

2. 防治方法

(1)发现病苗及时与病土一起挖出焚烧;合理密植,科学灌水,雨后及时排水,保持通风。

(2)发病初期,可选择以下药剂进行防治:多抗霉素、吡唑醚菌酯或嘧菌酯。

十一　草莓枯萎病

1. 危害特征

多在苗期或开花至收获期发病。病菌侵害根部,先在地上部分表现出病态,心叶变黄绿色或黄绿色卷曲,叶小而狭,船形,叶片无光泽,下部叶片变紫色枯萎,叶缘褐色向内卷(图5-11)。叶柄和果柄的维管束变褐色与褐黑色,地下根系呈黑褐色,不长新根,潮湿时近地面基部长出紫红色的分生孢子。

图5-11　草莓枯萎病的危害症状

2. 防治方法

（1）建立无病繁育田；水旱轮作3年以上；发现病株，及时拔出，烧毁或深埋，病穴施用生石灰。

（2）栽培时，可选用以下药剂：多菌灵、春雷·王铜或硫菌灵，边栽边浇灌根部，每株浇灌150～250毫升药剂。

十二　草莓黄萎病

1. 危害特征

开始发病时，叶片上产生黑褐色小型病斑，失去光泽，从叶缘和叶脉间开始变成黄褐色，萎蔫，干燥时枯死。新叶表现出无生气，变灰绿或淡褐色下垂，之后从下部叶片开始变成青枯状萎蔫直至整株枯死（图5-12）。病株叶柄、果梗和根茎横切面可见维管束的部分或全部变褐，根在发病初期无异常，病株死亡后地上部分变黑褐色腐败。当病株下部叶子变黄褐色时，根便变成黑褐色而腐败，有时在植株的一侧发病，而另一侧健在，呈现"半身枯萎"症状，病株基本不结果或果实不膨大。

图5-12　草莓黄萎病的危害症状

2. 防治方法

（1）水旱轮作；及时清除病残体，烧毁或深埋；夏季利用太阳能消毒土壤；栽种无毒健壮秧苗。

（2）栽培时，可选用多菌灵、甲基硫菌灵、噁霉灵或嘧菌酯浸根或栽后灌根。

十三 草莓青枯病

1. 危害特征

主要危害茎部，幼苗期危害匍匐茎和根颈，初期呈铁锈色斑点，逐渐向茎内扩展，先为褐色，后为棕色，最后为黑色，切断茎部能嗅到酸臭气味（图5-13）。

图5-13 草莓青枯病的危害症状

2. 防治方法

（1）育苗前整平土地，高畦种植；及时清除病株，烧毁或深埋；科学灌水，雨后及时排水，保持通风。

（2）育苗前用60%三氯异氰尿酸片剂1 000倍液喷洒地面；发病初期，可用72%农用硫酸链霉素可溶性粉剂2 000倍液灌根。

十四 草莓红中柱根腐病

1. 危害特征

主要表现在根部。发病时，由细小侧根或新生根开始，初现浅红褐色不规则斑块，颜色逐渐变深呈暗褐色（图5-14）。随着病害的发展，全部根系迅速坏死变褐。地上部分先是外叶叶缘发黄、变褐、坏死至卷缩，病株表现缺水状，逐渐向心叶发展至全株枯黄死亡。

图5-14 草莓红中柱根腐病的危害症状

2. 防治方法

(1)选种早熟避病或抗病品种；实行轮作；严禁大水漫灌，避免灌后积水；发病重的棚区进行高温高湿闷棚。

(2)防治从苗期抓起，在草莓匍匐茎分株繁苗期及时拔除幼苗、病苗，并用药剂预防2～3次；定植后要重点对发病中心株及周围植株进行防治；发病时采用灌根或喷洒根茎的方法防治。

(3)发病初期，可选择以下药剂进行防治：甲霜灵·锰锌、烯酰吗啉或异菌脲。

十五 草莓疫霉果腐病

1. 危害特征

(1)青果染病：病部产生淡褐色水烫状病斑，并迅速扩大蔓延至全果，果实变为黑褐色，后干枯、硬化如皮革。

(2)成熟果实染病：病部稍稍褪色，失去光泽，白腐软化呈水浸状，似开水烫过，产生臭味(图5-15)。

2. 防治方法

(1)培育无病健壮秧苗；高畦种植，合理密植，控制氮肥；科学灌水，雨后及时排水，保持通风；草莓园可用谷壳铺设于畦沟中，以防止雨滴反弹到果上。

图 5-15　草莓疫霉果腐病的危害症状

（2）从花期开始，可选择以下药剂进行防治：甲霜灵·锰锌、烯酰吗啉或琥胶肥酸铜·三乙膦酸铝。

（十六）草莓根霉软腐病

1. 危害特征

主要危害茎和果实（图5-16）。

（1）茎部发病：多出现在生长期，近地面茎部先出现水渍状污绿色斑块，后扩大为圆形或不规则形褐斑，病斑周围显浅色窄晕环，病部微隆起。

图 5-16　草莓根霉软腐病的危害症状

（2）果实感病：主要在成熟期，多自果实的虫伤、日灼伤处开始发病，初期病斑为边缘不清晰的水浸状斑,迅速发展,不久后表面长出白色菌丝,最后在菌丝顶端出现烟黑色霉状物;随果实着色,扩展到全果,但外皮仍保持完整,内部果肉腐烂,恶臭。

2. 防治方法

(1)适时早收,收获后及早清理病残物并烧毁,深翻晒土;高畦种植,浅灌勤灌,严防大水漫灌或串灌,雨后及时排水,保持通风;做好果实遮蔽防止日灼;采收的果实应装在吸潮通风的纸质或草编物内,放于阴凉通风处。

(2)发病初期,可选择以下药剂进行防治:甲霜灵·百菌清、烯酰吗啉或嘧菌酯。

（十七）草莓红叶病

1. 危害特征

主要危害草莓叶片,发病后扩散速度很快,表现症状为根弱,茎秆长,叶片逐渐变成灰色,叶面上还会有一些红色小斑点,之后叶片也会枯死,严重时会导致整个植株都枯死(图5-17)。红叶病传染速度很快,若没有及时防治,初染病植株很快就会传染给其他植株,因此要及时观察,并做好预防工作。

图5-17　草莓红叶病的危害症状

2. 防治方法

(1)以预防为主,重点抓好选用无菌种苗和控制种植环境两方面,如选用从正规单位购买的脱毒无病苗;种前高温闷棚,后补施复合菌剂;保持排水良好、土质疏松、透气性好的种植环境等。

（2）药剂防治方面可在育苗期、生长期进行，主要用药为苯醚甲环唑、戊唑醇、嘧菌酯等，同时注意清除病残体。

此外，在草莓的生长期和花果期，适当喷施海藻精、腐植酸等生物刺激剂，因其含有丰富的营养成分，有助于缓解草莓因病害而导致的早衰，并促进草莓根系生长，使植株更加健壮，抗病力更强。

十八　草莓黏菌病

1. 危害特征

病部表面初期布满胶黏状淡黄色液体，后期长出许多淡黄色圆柱体状孢子囊，其周围呈蓝黑色且有白色短柄，排列整齐地覆盖在叶片、叶柄和茎上（图5-18）。受害部位不能正常生长，或由其他病杂菌生长而造成腐烂。此时如遇干燥天气则病部产生灰白色粉末状硬壳质结构，不仅影响草莓的光合作用和呼吸作用，还使受害叶不能正常伸展、生长和发育。黏菌在草莓上一直黏附到草莓生长结束，严重时可致植株枯死、果实腐烂，造成大幅度减产。

图 5-18　草莓黏菌病的危害症状

2. 防治方法

（1）选择高燥、平坦的砂性土壤地块栽培；科学灌水，雨后及时排水，保持通风；及时清除田间杂草，栽培密度适宜，不可过密。

（2）发病初期，可选择以下药剂进行防治：多抗霉素B、多菌灵或嘧菌酯。

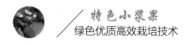 **草莓革腐病**

1. 危害特征

主要发生在果实和根部,匍匐茎上也能发病。

(1)根发病:根最先发病,切开病根可见从外向里变黑,革腐状。早期植株不表现症状,中期仅表现生长较差,略矮小,至开花结果期地上部才出现失水状,后逐渐萎蔫直至整株死亡。

(2)果实发病:呈淡褐色水烫状斑,并且能迅速蔓及全果,病部褪色失去光泽,用手轻捏有皮革状发硬的感觉,湿度大时果面长出白色菌丝(图5-19)。

(3)匍匐发病:匍匐茎发干萎蔫,最后干死。

图5-19 草莓革腐病的危害症状

2. 防治方法

(1)建立无病繁殖苗基地,实行统一供苗;整平土地、建好排水沟,防止积水。

(2)发病初期,可选择以下药剂进行防治:甲霜灵·百菌清、烯酰吗啉或嘧菌酯。

二十 草莓"空心病"

1. 危害特征

主要伴随雨水通过伤口、气孔等侵入,高湿高温加速病害传播,湿度较大时在发病叶片或短缩茎部位可见白色菌脓,初步鉴定结果表明引起该病害的病原菌可能是假单胞菌属的一种或多种病原细菌复合侵染(图5-20)。"空心病"的发病和传播于10月中下旬开始,此时为草莓现蕾期,发病都是大面积的,很少出现零星发病,往往错过补苗的最佳时间,损失很难弥补。目前对该病害的发病来源、致病菌及病害流行传播途径等众说纷纭,尚没有权威定论,缺乏有效的防治手段。

图5-20 草莓"空心病"的危害症状

2. 防治方法

(1)彻底清除前茬遗留的病株残体,进行严格的高温闷棚消毒处理,生长期拔除病株,及时铲除发病中心,底肥施用腐熟的净肥,农用机械定期进行清洗和消毒处理。

(2)目前还未发现针对该病害的特效药,针对此病建议以预防为主,定植前后用40%噻唑锌悬浮剂或12%中生菌素可湿性粉剂进行药剂蘸根和灌根,提前使用中生菌素、春雷霉素、铜制剂、氯溴异氰尿酸等进行预防。

二十一 草莓细菌性叶斑病

1. 危害特征

主要危害叶片,也可危害果柄、花萼、茎等部位(图5-21)。

初侵染时在叶片下表面出现水浸状红褐色不规则形病斑,病斑扩大时受细小叶脉所限呈角形叶斑。病斑照光呈透明状,但以反射光看时呈

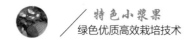

深绿色。病斑逐渐扩大后融合成一体,渐变淡红褐色而干枯。湿度大时叶背可见溢有菌脓,干燥条件下成一薄膜,病斑常在叶尖或叶缘处,叶片发病后常干缩破碎。严重时使植株生长点变黑枯死,叶柄、匍匐茎、花也可枯死。

图5-21　草莓细菌性叶斑病的危害症状

2. 防治方法

(1)适时定植;施用充分腐熟的有机肥;加强管理,苗期小水勤浇,降低土温。

(2)发病初期,可选择以下药剂防治:春雷·王铜、中生菌素或三氯异氰尿酸。

二十二　草莓病毒病

1. 危害特征

全株均可发生,多表现为花叶、黄边、皱叶和斑驳(图5-22)。病株矮化,生长不良,结果减少,品质变劣,甚至不结果;复合感染时,症状不同。我国草莓主栽区发生的主要为草莓斑驳病毒、草莓轻型黄边病毒、草莓镶脉病毒和草莓皱缩病毒等四种病毒。

(1)草莓斑驳病毒:单独侵染时,草莓无明显症状,但病株长势衰退,与其他病毒复合侵染时,可致草莓植株严重矮化、叶片变小,产生褪绿斑,叶片皱缩扭曲。

(2)草莓轻型黄边病毒:幼叶黄色斑驳,边缘褪绿,后逐渐变为红色,植株矮化,叶缘不规则上卷,叶脉下弯或全叶扭曲,终至枯死。

(3)草莓镶脉病毒:植株生长衰弱,匍匐茎抽生量减少;复合侵染后叶脉皱缩,叶片扭曲,同时沿叶脉形成黄白色或紫色病斑,叶柄也有紫色病斑,植株极度矮化。

(4)草莓皱缩病毒:植株矮化,叶片产生不规则黄色斑点,扭曲变形,匍匐茎数量减少,繁殖率下降,果实变小;与斑驳病毒复合侵染时,植株严重矮化。

图5-22 草莓病毒病的危害症状

2. 防治方法

(1)选种抗病品种,采用草莓茎尖脱毒技术,建立无毒苗培育供应体系,栽植无毒种苗;引种时,严格剔除带病种苗。加强田间检查,病株一经发现立即拔除并烧掉。

(2)发病初期,可选用以下药剂进行防治:氨基寡糖素、吗胍·乙酸铜、香菇多糖或盐酸吗啉胍。

第二节　草莓常见虫害的识别与防治

一 蚜虫

1. 危害特征

危害草莓的蚜虫主要有棉蚜、桃蚜和草莓根蚜。蚜虫以刺吸式口器

吸食植物组织液,减少了植物体内的水分和营养物质,使被吸食的嫩芽和花器萎缩,嫩叶扭曲变形不能正常舒展,导致植株衰弱,严重时可致植株死亡。蚜虫也可分泌蜜乳,导致煤污病发生。

图5-23 草莓蚜虫的危害症状

2. 防治方法

(1)清除田间杂草,摘除蚜虫聚集危害的叶片,深埋或用薄膜封闭堆沤,以减少虫源。利用蚜虫成虫对黄色的趋性,在草莓秧苗上方20厘米处悬挂黄色粘虫板,一般每亩悬挂宽24厘米、长30厘米的黄色粘虫板20块即可有效控制蚜虫扩展危害,在保护地栽培中使用效果更好。

(2)蚜虫发生初期,可用50%抗蚜威2 000倍液,或10%吡虫啉1 500倍液,或48%毒死蜱3 000倍液,或特福利1 000倍液等杀虫剂喷洒。注意不同药剂交替使用,防止蚜虫抗性增加。采收前15天停止用药。

二 蓟马

1. 危害特征

蓟马种类繁多,危害草莓的主要是西花蓟马、烟蓟马等。成虫、若虫多隐藏于花内或植株幼嫩部位,以锉吸式口器锉伤花器官或嫩叶等,严重时导致花朵萎蔫或脱落,花变褐不能结实。受害植株沿叶脉附近发黑,无畸形和扭曲等症状,出现灰白色条斑或皱缩不展,植株矮小、生长停滞,果实不能正常着色,畸形且无法正常膨大,即使膨大果皮也呈茶褐色(图5-24)。

图5-24 草莓蓟马的危害症状

2. 防治方法

（1）与蚜虫趋黄色的习性不同，蓟马具有趋蓝色的习性，在田间设置蓝色粘虫板可以诱杀成虫。粘虫板高度与植株高度持平，可与诱杀蚜虫的黄板间隔等量设置。也可在通风口设置防虫网阻隔；及时清除田间杂草和枯枝残叶，集中烧毁或深埋，可消灭部分成虫和若虫；加强肥水管理，以促进植株生长健壮，减轻危害。

（2）防治蚜虫的药对蓟马通常也有较好防效。生物农药可选用60克/升乙基多杀菌素悬浮剂1 500～3 000倍液，或25克/升多杀霉素悬浮剂1 000～1 500倍液，或1.5%苦参碱可溶液剂1 000～1 500倍液等；化学农药可选用240克/升螺虫乙酯悬浮剂4 000～5 000倍液，25%噻虫嗪水分散粒剂5 000～8 000倍液，或50%氟啶虫胺腈水分散粒剂15 000倍液，或10%氟啶虫酰胺水分散粒剂1 500倍液，或25%吡蚜酮可湿性粉剂3 000倍液，或5%啶虫脒可湿性粉剂2 500倍液等喷雾。

三 螨类

1. 危害特征

危害草莓的螨类主要有二斑叶螨、朱砂叶螨（红蜘蛛）和侧多食跗线螨。螨类为刺吸式口器，多在成龄叶片背面或未展开的幼叶上吸食汁液。初期受害叶片正面有大量失绿小点，后期叶片失绿、卷缩，严重时叶片似火烧状干枯脱落（俗称"火龙"）（图5-25）。受害花蕾发育成畸形花或不开花；受害果停止生长，果面龟裂，果肉硬、味苦。

图5-25 草莓螨类的危害症状

2. 防治方法

（1）注意轮作倒茬，消灭田间野生寄主，如三叶草、狗尾草、黑麦草、风车草、蕨类、荞麦、苜蓿等。

（2）在春季害螨初发生时可使用20%哒螨灵可湿性粉剂1 500倍液、5%噻螨酮乳油1 500倍液或20%螨死净可湿性粉剂2 000倍液等持效期长且卵、螨兼治的杀螨剂喷雾防治。在夏季害螨大量发生时，可使用1.8%阿维菌素乳油7 000倍液、15%哒螨灵乳油3 000倍液或73%克螨特乳油2 500倍液等喷雾。注意不同药剂交替使用，采收前15天停止用药。在保护地栽培中可用30%虫螨净烟熏剂熏蒸防治。

需要注意的是，由于跗线螨主要在叶片背面为害，并造成叶片畸形扭曲，用药时要注意喷施于叶片背面，而且最好在摘除老叶后用药。另外，鉴于杀螨剂的特点，建议每隔3～5天用药1次，连续用药2～3次。也可咨询专业单位，购买跗线螨天敌，用生物方法防治。

四 蛞蝓

1. 危害特征

蛞蝓在草莓上危害很严重，昼伏夜出，初孵幼体取食叶肉，稍大后用齿舌刮食叶茎等，造成孔洞、缺刻或断苗，阴雨天昼夜危害(图5-26)。夏季雨后，可看见大量蛞蝓在田间活动。蛞蝓在草莓叶片上爬行过后会留下黏液，影响草莓叶片的光合作用及透水、透气性。蛞蝓取食幼果，致使果实出现带状痕迹，分泌液干燥后留下一条白带，影响果实外观。蛞蝓危害后，会留下伤口，病菌会从伤口侵染从而引发各种真菌、细菌性病害。冬季生产中，容易诱发灰霉病、软腐病、疫病等。

图 5-26　草莓蛞蝓的危害症状

2. 防治方法

（1）蛞蝓会以成虫或幼虫在草莓、杂草根部越冬，在定植种苗前通过深翻土地可以消灭一部分虫源。苗地周围的杂草要及时清除，以消灭害虫的隐藏场所。

（2）可用四聚乙醛直接撒在草莓周边即可。

五　斜纹夜蛾

1. 危害特征

斜纹夜蛾又名莲纹夜蛾、斜纹夜盗虫，属鳞翅目夜蛾科，是一种分布广泛的重要农业害虫。其以幼虫在草莓苗上啃食叶片、花蕾、花及果实，严重时花果被害率可达20%～30%。成虫昼伏夜出，飞行能力强，具趋光性和趋化性，对黑光灯及糖醋液、发酵的胡萝卜、豆饼等有较强的趋向性。卵多产于草莓叶片背面，呈块状，每块中有卵30～400粒不等。初孵幼虫在卵块附近群集，昼夜取食，2～3龄后分散危害。该虫1～3龄仅取食叶肉，残留叶片表皮，俗称"开天窗"；4龄后进入暴食期，取食量可达全代的90%以上，多在傍晚以后或阴雨天取食，在叶片上形成缺刻或小孔，严重时整片叶子被吃光（图5-27）。老熟幼虫常在1～3厘米的表层土中化蛹。

2. 防治方法

（1）草莓定植前进行翻耕，消灭土中潜伏的幼虫或蛹；及时清除田间杂草，减少成虫产卵场所；根据斜纹夜蛾集中产卵的特性，人工摘除带卵块或聚集低龄幼虫的叶片。

（2）利用斜纹夜蛾成虫具有趋光性和趋化性的特性，在成虫发生期采用黑光灯或糖醋液进行诱杀。近年来，也开发了黄色灯光诱捕、性诱

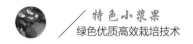

剂捕虫器等方法。

图5-27　草莓斜纹夜蛾的危害症状

六　白粉虱

1. 危害特征

白粉虱是保护地草莓的主要害虫,卵长0.2毫米,长圆形,有一短小的卵柄,刚产下的为淡黄色,孵化时颜色逐渐加深;若虫身体扁平,椭圆形,淡黄色或淡绿色,背面有蜡丝5~6对(图5-28)。成虫体长1.0~1.4毫米,淡黄色,翅面覆盖白色蜡粉。成虫和若虫群集在叶片背面,以刺吸式口器刺入叶肉吸取汁液,造成叶片褪色、变黄、萎蔫,严重时整株枯死,同时它分泌的蜜露可在叶片上滋生真菌,影响叶片的光合作用。白粉虱的繁殖速度很快,约1个月完成一代,1年发生数代,且有世代重叠现象,最适繁殖温度为18~21℃。

图5-28　白粉虱的危害症状

2. 防治方法

(1)进行生物防治,人工释放丽蚜小蜂,寄生于粉虱若虫。

(2)利用粉虱对黄色的趋性,用黄盘诱集。方法是:将钙塑箱板涂上黄色油漆,干后表面涂一层不干胶,每亩设置50块,粘杀该虫。

(3)进行药剂防治:药剂防治要实行统一联防,使用的药剂有啶虫脒、氟啶虫酰胺、抗蚜威、噻虫嗪等。

七 金针虫

1. 危害特征

金针虫危害果实,通过钻入草莓果实中使草莓鲜果失去商品价值(图5-29)。

图5-29　金针虫的危害症状

2. 防治方法

(1)栽草莓时,不要施用未腐熟的农家肥,以削减成虫产卵的时机。发现草莓被害时,扒开根部的土壤,挖捉害虫。

(2)早春棚内发现成虫时人工捕捉,数量多时用灯诱杀。

(3)采用"棉隆+太阳能高温消毒"进行土壤处理,可有效解决该虫害。

八 地老虎

1. 危害特征

地老虎是鳞翅目夜蛾中的一类害虫,成虫有趋光性,喜欢在近地面的叶背面产卵,或在杂草及蔬菜作物上产卵。幼虫食性很杂,3龄以前的幼虫栖于草莓地上部分产生危害,但危害症状不明显;3龄以上的幼虫肥大、光滑、暗灰色,带有条纹或斑纹,危害较重,白天躲在表土2~7厘米的土层中,夜间活动取食嫩芽或嫩叶,常咬断草莓幼苗嫩茎,也吃浆果和叶片(图5-30)。

图5-30 地老虎的危害症状

2.防治方法

(1)定植前认真翻耕、整地,在春夏季多次中耕、细耙,以消灭表层幼虫和卵块;清除园内外杂草,并集中烧毁,以消灭幼虫;清晨检查园地,发现有缺叶、死苗现象,立即在苗附近挖出幼虫并消灭;可用泡桐叶或莴苣叶置于田内,清晨捕捉幼虫。

(2)利用性诱剂或糖、醋、酒诱杀液诱杀成虫,既可作为简易测报手段,又能减少蛾量。

(3)可用50%辛硫磷1 000倍液于傍晚喷洒草莓根部土壤;或40%辛硫磷1 000倍液浇灌根部;或用50%敌百虫粉(美曲膦酯)50克,拌入切碎的鲜草25~40千克或炒香的麦麸2.5~3.0千克,加少量水拌成毒饵于傍晚撒在幼苗附近进行诱杀。

九 蛴螬

1.危害特征

蛴螬是鞘翅目金龟甲科幼虫的总称,在江苏及安徽等长江中下游地区,蛴螬成虫主要为铜绿丽金龟和暗黑鳃金龟。一年发生1代,成虫盛发期在6月中旬至7月下旬,卵孵高峰期在7月中下旬,8月下旬孵化结束。

其中,8月中旬大多进入3龄盛期,也就是蛴螬危害盛期。在设施草莓生产上,蛴螬主要在苗圃造成危害,在刚定植的大田也会形成危害,常咬食草莓幼根或咬断草莓新茎,使地上部生育恶化而死苗,导致缺株,严重时全园毁灭。扒开受害株,可见植株已无根系,周围土壤中可找到卷曲的呈马蹄形的幼虫(图5-31)。

图5-31　蛴螬的危害症状

2. 防治方法

(1)草莓栽植前,用水胺硫磷或辛硫磷等农药处理土壤和有机肥。对蛴螬发生严重的草莓园,可在夏季进行严格的土壤高温消毒处理。

(2)翻地时拣拾幼虫杀死,在虫口密度大的地块用这种方法可降低虫口数量40%~60%。幼虫咬食根、茎后,中午前后植株发生萎蔫,挖开土壤便可将虫找到消灭。

(3)在草莓移栽前每亩用20亿活孢子/克白僵菌粉剂1 500克拌细土15~20千克,或1%苦参碱2~3千克拌细土5~10千克,对垄面撒施后翻入土中;草莓生长期发生危害前,用50亿活孢子/克白僵菌粉剂800~1 000倍液灌垄或灌根,对蛴螬、地老虎等多种地下害虫均有较好防效。在有机和绿色草莓生产中,建议采用生物农药替代化学防治。

十 小家蚁

1. 危害特征

小家蚁危害果实,通过啃食草莓鲜果使其失去商品价值(图5-32)。

图5-32　小家蚁的危害症状

2. 防治方法

在有机和绿色草莓生产中,建议采用生物农药替代化学防治。在瓶子里边放醋少许,多放点白糖,置于草莓田内,可以把蚂蚁引到瓶子里,使其不再伤害草莓。若是蚂蚁多则放在蚁巢旁边。

 蜗牛

1. 危害特征

蜗牛主要啃食叶片和果实,导致草莓植株受伤和使草莓鲜果失去商品价值(图5-33)。

图5-33　蜗牛的危害症状

2. 防治方法

(1)草莓行间撒施生石灰,可使蜗牛在爬行时将粘上的石灰带入壳内,经摩擦或失水而使其致死。一般生石灰的撒施量以每亩8~10千克为

宜,每隔5~7天撒施1次,连续撒施2~3次,即可达到较好的防治效果。

(2)在蜗牛发生期,每亩用6%的蜗牛敌颗粒剂50克,拌细土15~20千克,于傍晚均匀撒施在草莓行间垄上,或用6%除蜗净颗粒剂600~750克,拌细土撒施。

第三节　草莓生理性病害的识别与防治

一　草莓缺氮

1. 主要症状

草莓植株缺氮,叶片颜色会随着情况的加剧,逐渐出现绿色—淡绿色—黄色—局部焦枯顺序变化,形状相比正常叶片略小,尤其在生长旺盛期更加明显;幼叶或未成熟的叶片,随着缺氮程度的加剧,颜色反而更绿;老叶的叶柄和花萼则呈出微红色,叶色较淡或呈现锯齿状亮红色,果实变小(图5-34)。轻微缺氮时田间往往看不出来,并能自然恢复。

图5-34　草莓缺氮的症状

但是,草莓氮肥过量也不好,会使得植株生长过旺,反而导致结果晚或结果少,因为长出大量的幼嫩叶,形成了较多的赤霉素,抑制体内乙烯的生成,从而抑制花芽的形成,相比正常植株,表现出开花迟、花芽少、坐果率低,果实成熟晚,口感不佳、不耐贮藏,商品价值大打折扣。氮肥过量不仅导致植株旺长,还会严重抑制植株对镁、钙、硼等微量元素的吸收和输送。

2. 发生原因

土壤瘠薄,且不正常施肥易出现缺氮症状。管理粗放,杂草丛生的园地常表现为缺氮。

3. 防治方法

改良土壤,增施有机肥,提高土壤肥力。正常管理,施足基肥,及时追肥与叶面喷肥配合,叶面喷肥可用0.3%～0.5%的尿素。

二 草莓缺磷

1. 主要症状

草莓缺磷时,生长发育迟缓,植株矮小纤细,最初表现为叶脉呈青绿色,渐向叶片扩展,近叶缘处呈现紫褐色斑点,比正常叶片小。缺磷进一步加重时,部分品种上部叶片呈黑色,下部叶片为淡红色或紫色,近叶缘的部分和较老叶片也会呈紫色,缺磷后草莓果实偶尔有白化现象(图5-35)。根部生长正常,但顶端生长受阻,生长缓慢。匍匐茎和子苗发育不良,花芽分化数量减少,产量下降。

图5-35 草莓缺磷的症状

2. 发生原因

土壤中含磷量少,或是土壤中含钙量多或酸度高时,磷素被固定不易被吸收,均会发生磷缺乏现象。在疏松的砂土或有机质多的土壤上也易发生磷缺乏现象。

3. 防治方法

（1）在草莓栽培时每亩施过磷酸钙50~100千克，或氮、磷、钾三元复合肥50~100千克，可以随农家肥一起施用，也可以把过磷酸钙与农家肥一起沤制施用。

（2）在草莓植株开始出现缺磷症状时，及时用1%过磷酸钙浸出液或0.1%~0.2%磷酸二氢钾溶液每隔7~10天喷1次，连喷2~3次。

三 草莓缺钾

1. 主要症状

草莓缺钾时，一般较幼嫩的叶片不显示症状，老叶受害严重，易出现斑驳的缺绿症状，叶缘出现黑色、褐色和干枯，继而发展为灼伤，还可以在大多数叶片的叶脉之间向中心发展为害，包括叶脉呈紫褐色，叶肉逐渐变紫，中肋和短叶柄的下面叶片产生褐色小斑点，几乎同时从叶片到叶柄发暗并变为干枯或坏死（图5-36）。此外，缺钾时匍匐茎发生不良，即使长出匍匐茎，也是既短又弱。果实数量少、味淡、色差，果实柔软，没有味道。

图5-36 草莓缺钾的症状

2. 发生原因

砂土、有机肥少的土壤或氮肥施用过量而产生拮抗作用时，会发生缺钾现象。

3. 防治方法

(1)增施有机肥料。

(2)在生长期钾不足时,每亩可追施硫酸钾8千克,或每亩追施氮磷钾复合肥50~100千克。

(3)发现缺钾,及时用0.1%~0.2%磷酸二氢钾溶液每隔5~7天喷1次,连喷2~3次。

(四) 草莓缺钙

1. 主要症状

缺钙症会危害草莓根系、芽、叶片、花器官及果实。根系缺钙表现为:根短粗、色暗,根尖生长受阻。叶片缺钙最先在新叶中表现出来,典型症状是叶焦病。初期新叶叶尖失水皱缩,老叶叶缘黄化、从叶尖开始皱缩;中期叶片由叶尖向下变褐干枯,叶面皱缩,干枯部位与正常叶片交界有淡绿色或黄色的明显界限;后期叶片全部皱缩,不能展开。芽缺钙表现为:新芽顶端干枯呈黑褐色。花期缺钙表现为:花萼失水焦枯,花蕾、花瓣变褐。膨果期缺钙表现为:幼果不膨大,变褐干枯,严重时形成僵果(图5-37)。果期缺钙导致果小、籽多、顶部烧焦、果实发软、耐储性差等,从而影响草莓商品价值。

图5-37 草莓缺钙的症状

2. 发生原因

钙元素易被酸性土壤固定,导致难以吸收利用;砂质土壤中钙元素易被淋溶,导致缺乏;土壤溶液浓度高或土壤干燥时也会影响钙元素吸收;温度过低或过高,导致叶片气孔关闭,降低根系蒸腾拉力,从而减少钙元素吸收;钙元素易与氮、钾元素产生拮抗作用,过量施入氮、钾肥能抑制其吸收;大水漫灌、管理不当等农艺措施会加重缺钙症的发生。

3. 防治方法

用作基肥的有机肥一定要腐熟,使钙处于容易被吸收的状态。土壤偏酸性或缺钙时,可撒施石灰,调节土壤酸碱度并补充钙素。施用氮肥、钾肥时要适量,避免过量,特别是不能一次施用过多。深耕,适时浇水,尤其在现蕾和开花期不能缺水,高温干旱时更要及时浇水。表现出褐枯症状时,可叶面喷施0.3%氯化钙溶液。及时浇水,以保证水分供应。

（五）草莓缺铁

1. 主要症状

最初症状是幼龄叶片黄化或失绿,当黄化程度发展并进而变白,发白的叶片组织出现褐色污斑时,可断定为缺铁。草莓中度缺铁时,叶脉(包括小的叶脉)为绿色,叶脉间为黄白色。叶脉转绿复原现象可作为缺铁的特征。严重缺铁时,新成熟的小叶变白,叶边缘坏死,或者小叶黄化(仅叶脉绿色),叶片边缘和叶脉间变褐坏死(图5–38)。缺铁草莓植株的根系生长弱。缺铁对果实影响很小,严重缺铁时草莓单果重减小、产量降低。

图5–38　草莓缺铁的症状

2. 发生原因

碱性或酸性强的土壤容易缺铁,铁的吸收是通过根系周围土壤颗粒的离子交换进行的,因此,凡是影响新根生长的因素均可影响铁的吸收。例如土壤中氧气不足,水分过多过少,地温过高过低,土壤含盐量过高,根系病虫害或磷元素过多等,均可减小根冠比而引起缺铁。

3. 防治方法

(1)避免在盐碱地种植草莓,将土壤 pH 调到 6~6.5 为宜,避免施用碱性肥料。

(2)栽植草莓时土施硫酸亚铁或螯合铁,也可在缺铁症状刚出现时土壤追施,每亩施用 1 千克;也可用浓度为 0.1%~0.5% 的硫酸亚铁溶液喷雾或克黄 500 倍液喷雾进行叶面喷施,喷施时应避开中午高温时段,以免产生药害。

六　草莓缺镁

1. 主要症状

草莓成熟叶片缺镁时,最初上部叶片边缘黄化和变褐焦枯,叶脉间褪绿并出现暗褐色斑点,部分斑点发展为坏死斑,形成有黄白色污斑的叶片。老叶的叶脉间黄化,伴有大的紫黑色不规则斑点,叶片发硬,叶缘稍向上卷翘。果实缺镁,味道较淡且软,并伴有白化现象(图5-39)。

图 5-39　草莓缺镁的症状

2. 发生原因

一般在沙质地栽培草莓或氮肥和钾肥施用过多时,容易出现缺镁。

3. 防治方法

(1)镁含量低于0.1%的植株应施用速效性镁肥,如硫酸镁,可在草莓定植前施用,每亩地施用0.5千克,缺镁时也要防止施用钾肥、氮肥过量。

(2)增施有机肥,也可叶面喷施0.1%～0.2%的硫酸镁。在一般情况下,随着镁肥被吸收,缺镁症状将不再发展。

七 草莓缺硫

1. 主要症状

缺硫时胱氨酸不能形成,代谢作用受阻。硫是蛋白质的组成成分,对叶绿素的合成也有一定的影响。缺硫叶色变成淡绿色,甚至变成白色或黄色,扩展到新叶,叶片细长,植株矮小,开花推迟,根部明显伸长,果实有所减少(图5-40)。

图5-40　草莓缺硫的症状

2. 发生原因

我国北方含钙质多的土壤,硫多被固定为不溶状态,而南方丘陵山区的红壤,因淋溶作用,硫元素流失严重,这些地区的草莓园易缺硫。

3. 防治方法

(1)对缺硫的草莓园施用石膏或硫黄粉即可。一般可结合施基肥,每亩增施石膏37～74千克,或每亩施用硫黄粉1～2千克。

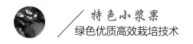
（2）栽植前每米栽植行施石膏65~130克，施硫酸盐一类的化肥，硫也能得到一定的补充。

八 草莓缺锌

1. 主要症状

锌可以增加草莓的花芽数，提高单果重和产量，也能提高草莓的抗寒性和耐盐性。缺锌时老叶变窄，尤其是基部叶片，缺锌越多，窄叶部分也越长，但缺锌时不发生坏死现象（图5-41）。在叶龄大的叶片上往往出现叶脉和叶片表面组织发红的症状。缺锌可导致草莓结果量减少，果个变小。

图5-41 草莓缺锌的症状

2. 发生原因

砂质土、盐碱地、被淋洗的酸性土壤、地下水位高的土壤均会导致缺锌现象的发生。大量施用氮、磷肥也会导致缺锌，土壤中有机物和土壤水分过少，铜、镍等元素不平衡也易导致缺锌。

3. 防治方法

（1）增施有机肥，改良土壤。

（2）发现缺锌，及时用0.05%~0.1%硫酸锌溶液叶面喷施2~3次，喷施浓度切忌过高，以免产生药害。

九 草莓缺硼

1. 主要症状

硼对草莓根、茎、花等器官的生长，幼嫩分生组织的发育及开花和结实有一定的作用。硼能加速碳水化合物在草莓体内的运输，促进氮素代谢，增强光合作用，改善体内有机物的供应和分配。草莓植株缺硼时，幼叶皱缩，叶缘黄色，叶片小，花小且易枯萎；匍匐茎发生慢且少；果实畸形，果皮龟裂，形成木栓化果，内部变褐，果实上饱满的种子少，植株明显矮化（图5-42）。

图5-42 草莓缺硼的症状

2. 发生原因

砂土和有机质少、偏碱性的土壤缺乏有机硼；气候干旱，高温时硼易被固定，雨水过多硼被淋洗流失，氮、钾素过多影响对硼的吸收等，这些情况均易导致缺硼症的出现。

3. 防治方法

（1）适时浇水，保持土壤湿润；若发现缺硼，及时用0.15%硼砂溶液叶面喷施2～3次。

（2）提高土壤可溶性硼的含量，以利于植株吸收；对于严重缺硼的草莓园，在草莓栽植前后土施硼肥。

十 草莓畸形果

1. 主要症状

草莓果实过瘦，呈鸡冠状、扁平状、果面凹凸不平或多头果、乱型果、

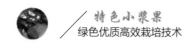
青顶果、裂果、僵果与空洞果等,称为草莓畸形果(图5-43)。

图5-43 草莓畸形果

2.发生原因

草莓畸形果的主要原因是授粉、受精不良,或开花期肥、水及温度、湿度、光照条件不良所致。

3.防治方法

(1)选用育性高的品种,如"宝交"等;种植育性低的品种时,应混种授粉品种。

(2)避免偏施、过施氮肥,保持土壤湿润,以利植株对硼的吸收。

(3)保护地草莓开花期注意防寒和防高温,防止白天出现高于45℃、夜间出现低于12℃的室温。光照强的地区慎用黑色地膜。

(4)保护地草莓开花期,可放养蜜蜂传粉。

十一 草莓顶端软质果

1.主要症状

顶端软质果的特点是果实顶端发青发软,果尖不转红,呈透明状,用手捏果实的顶端,能感觉到软软的。

2.发生原因

(1)绿熟期果实尖部由于顶端优势,获得的水分和养分充足,会造成提前成熟变软。

(2)熟期果实尖部在没有绿花青素的情况下提前成熟,导致后期成熟转色期果实顶端不能积累花青素,无法变红。

3. 防治方法

(1)人工补光,可用白炽灯做光源,进行加热处理,每盏灯100瓦可照7.5平方米,每天下午加热5～6小时。

(2)保持棚膜洁净,棚膜上水滴、尘土等杂物会使透光率下降30%左右,要经常打扫,以增强棚膜的透明度;可以选用无滴膜扣棚,棚内水分子会顺着薄膜流入地面而无水滴,增加大棚内的光照强度并提高棚温。

(3)及时除去大棚内地表上的水分以降低棚内湿度,及时及早采收成熟的果实。

十二 草莓裂果

1. 主要症状

该症状主要发生在草莓果实成熟时,果实表面出现纵裂口而裂果(图5-44)。

图5-44 草莓裂果

2. 发生原因

(1)土壤干旱,或氮肥偏多等因素的影响,造成草莓对硼和钙的吸收障碍或缺少硼和钙元素造成裂果。

（2）草莓果实膨大期温差过大或者土壤干湿差大，造成果皮生长速度不及果肉快而裂果。

（3）病虫危害果实，导致果皮发育困难或者果柄坏死，引起裂果。

（4）久阴乍晴时，温度上升过快过高，也会引起裂果。

3. 防治方法

（1）实行深耕，重施有机肥，调理土壤，并采取地膜覆盖保温，促进根系发育吸收耕作层底钙、硼营养，提高果皮韧性。开花前期、幼果期施用嘉美红利、海力宝、脑白金等1～2次。

（2）小水勤灌，不可大水漫灌，以免浇水前后的土壤含水量差异过大。高温期要于清晨或傍晚地温低时浇水，不要在温度较高的中午浇水，以免浇水后根系大量吸收水，供水太快、太多而发生裂果。

（3）及时及早采收成熟的草莓。

十三）草莓空洞果

1. 主要症状

主要表现为浆果外部形态同正常浆果，但是果实内部出现空腔、口感差（图5-45）。

图5-45　草莓空洞果

2. 发生原因

（1）与品种有关，有些草莓本身就很容易长成空心，如"幸香"。

(2)低温条件下坐果,膨大初期供水不足,中期后又温度升高,水分充足,造成外层细胞长得太快,形成空洞果。

(3)在草莓膨大过程中,施用了促进果实膨大的叶面肥或含激素的速效冲施肥可引起空洞果。

(4)第二、三序花坐果,以及光照不足、硼等养分不足等原因导致向果实输送的营养供不应求,形成空洞果。

(5)植株生长势弱,或果实采收过晚,均可能形成空洞果。

3. 防治方法

(1)做好光温调控,创造果实发育的良好条件。通过调温,避免10℃的低温出现,开花期避免35℃以上的高温对受精的影响,促进胎座正常发育。

(2)开花、坐果期增施京博硼,有益于养分在果实内运输畅通,直达果心,可大幅度减少空洞果的发生。

(3)避免坐果过多,要适当疏花疏果,减少养分的竞争。

(4)增施有机肥,坐果后加强肥水管理,不要使用激素类膨果肥或过量施用激素。

十四 草莓着色不良

草莓果实一般为红色,栽培种的果色通常在粉红到深红间变动,差异很大。红色为花青素,在果实膨大初期为绿色,中期变白,后期则转变为红色。只有当果实进入膨大后期时,花青素的含量才急剧增加。

1. 主要症状

果实经常会出现红绿相接的情况,就像是没有完全成熟一样,有青头型(青尖果)、花脸型和花脸与青头混合型(图5-46)。

2. 发生原因

(1)果实充分膨大后,其着色好坏与营养素的供给有着密切关系:氮元素过多,钾、硼元素缺乏时,果实着色不良,而钙、钼、硼等元素对果实着色有一定的促进作用。

图 5-46 草莓着色不良

(2)果实膨大盛期，果内水分缺乏，也会使果皮着色不良。

(3)果实长时间与地膜或垫草接触。

(4)果实的着色一般受温度、光照和土壤条件的影响较大，花青苷色素形成较适宜温度为 20 ~ 25℃，温度过高或过低都不利于其合成，遇连续低温和光照不足，尤其是大棚里温度低于 5℃，极易发生青头果。

(5)果实的着色还与内源激素有关，超量使用激素易形成青头果。

(6)与草莓品种有关，"甜查理"易出现青头果。

3. 防治方法

(1)尽可能地调控温度和改善棚内光照条件，保持棚膜清洁，防止膜面附着水滴和灰尘杂物，地面铺设银灰膜或铝箔或反光幕，以增强植株间光照强度。

(2)定植时底肥施足有机肥，适当加大株行距，减少株间遮光；着色期叶面喷施品高尚等有机水溶肥，能使果实着色良好，并能有效地防止叶片早衰，延长采收期；过量施用氮肥会阻碍花青素的形成而影响果实着色，果实发育后期不宜大量施入单一氮素肥料，可使用京博美植高钾型冲施肥，能有效改善草莓品质。

(3)果实膨大期，及时摘除影响果实着色的叶片，防止结果枝因重叠、挤压、下垂接触地面而影响着色。

(4)果实发育后期采前 10 ~ 15 天，保持土壤适当干燥，有利于果实着色，故成熟期前应适当控制灌水量。

(5)坚持适期采收，在一般情况下，在适宜采收期内，采收越晚，着色越好。

十五 草莓叶缘干枯

1. 主要症状

叶缘干枯多发生在成年叶片上,叶缘形成茶褐色枯死,轻微时仅发生在锯齿状叶缘部位,严重时叶片枯死,灌水后症状缓解(图5-47)。

图5-47 草莓叶缘干枯

2. 发生原因

(1)保护地内温度高伴随着土壤湿度小,引起叶缘缺水枯死。

(2)肥害:如果叶片从边缘开始干枯,并且在施肥以后很快出现叶枯现象,可能是因为施肥过量,土壤浓度过高,根系吸收困难导致植株失水。

(3)缺钙时新叶黄化,幼叶叶缘失水、继而干枯变褐。

3. 防治方法

(1)少量多次施肥。草莓是不耐肥作物,一次施肥用量最好不超过每亩10千克。严格按照肥料包装说明上的用法用量使用,不要擅自加大浓度;不要将多种肥料混在一起使用,需要多种肥料混用时,建议减少每种肥料的用量,加大用水量。

(2)发生肥害后,要立即停止施用任何肥料,叶面喷施清水,或冲施清水、微生物菌剂等能起到缓解的作用,缓和肥害带来的损伤。记住,冲施的一定要是纯微生物菌剂,若是含有微生物的某种肥料则不行。碧护可以用来修复肥害造成的损失,同时可以辅佐用一些海藻类的促根肥,帮助及时恢复长势。

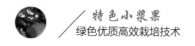

（3）缺钙时，叶面喷施螯合钙能快速缓解症状，或补充有机肥、微生物菌剂等调节土壤通透性，改良根系周围的土壤环境，增强根系活力。

十六 草莓高温日灼

1. 主要症状

高温日灼在草莓育苗期会发生，近些年发生的频率不高。其主要影响草莓的匍匐茎及叶片。一般被烫伤的匍匐茎不再发生新苗，影响出苗率。而叶片受到灼伤，会影响草莓的光合作用，造成植株长势弱，病菌入侵（图5-48）。

图5-48 草莓高温日灼

2. 发生原因

日灼病多在高温干旱条件下发生，生长势弱的植株，新叶过于柔嫩，特别是雨后暴晴，叶片蒸腾，实则是一种被动保护反应，但可削弱草莓的生长势，在光照好的地区更易发生。

3. 防治方法

（1）遮阳降温，尤其是进入7月温度持续升高，有条件的种植户建议覆盖遮阳网，不仅可以降温，还可以避免太阳直射灼伤叶片。

（2）安装滴灌带时一定要安装在匍匐茎发生的另一侧，否则滴灌带也会烫伤匍匐茎。

（3）越幼嫩的植株越容易灼伤，因此施肥时要注意养分均衡。

第六章 蓝莓生产概况

▶ 第一节 蓝莓简介

　　蓝莓(Blueberry)，意为蓝色的浆果之意，学名越橘，属于杜鹃花科越橘属植物(图6-1)，20世纪80年代从北美洲引入我国。其果实被称为"世界水果之王"，营养丰富，风味独特，富含氨基酸、多种维生素和微量元素等营养物质及花青素、黄酮、酚酸等抗氧化活性成分，具有强心、抗癌、明目、防止脑神经老化、软化血管、增强人体免疫力等保健功效。除鲜食外，蓝莓多被加工成果酒、果汁、果酱，极受国内外消费者欢迎，被联合国粮农组织列为人类第三代水果。蓝莓作为21世纪最具发展前途的新兴高档果树，其适应性强、耐贫瘠、病虫害较少、经济价值高、市场前景广阔，近年来在我国南北各地发展迅速，并取得显著的成效。

图6-1　蓝莓

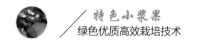
一 形态学特性

蓝莓树体由几个主干构成,树冠呈灌丛型,也有品种可产生萌蘖,但只能形成小群体。在正常栽培情况下,3～4年树龄的树体高度因品种的不同而具有显著差异,高者可达2～3米,矮者则只有0.3～0.5米。

1. 根和茎

蓝莓为浅根系植物,根系不太发达,粗壮根少,纤细根多,呈纤维状,无根毛而有内生苗根。矮丛蓝莓的根大部分是由根茎蔓延而形成的不定根。幼嫩的根茎呈粉红色,上有褐色的叶鳞;老的根茎则呈深褐色并木栓化。

2. 叶

蓝莓有常绿也有落叶,多数为落叶,少数南方品种不落叶,终年常绿。叶片多为单叶互生,稀对生或轮生,全缘或有锯齿。叶片形状最常见的为卵圆形,无托叶。叶片大小因种类不同而有差异,矮丛蓝莓叶片长度为0.7～3.5厘米,高丛蓝莓叶片长度可达8厘米。矮丛蓝莓叶片常为椭圆形,兔眼蓝莓叶片为匙形到扁圆形,高丛蓝莓叶片多为卵圆形。兔眼蓝莓和高丛蓝莓叶背有茸毛,而矮丛蓝莓叶背很少有茸毛。兔眼蓝莓叶背有小的具柄腺体,而高丛蓝莓不具腺体。

3. 花

绝大多数为总状花序,多腋生,有时顶生。花芽分化始于8月初,到生长季节末期肉眼可见,秋末在小枝顶端和近顶端数节可见到明显膨大的卵形花芽,其下面的叶芽呈狭长状,易与花芽区分。花为两性花,萼筒与子房合生,花冠常呈坛形或铃形。花瓣基部联合,外缘4裂或5裂,白色或粉红色,雄蕊8～10枚,短于花柱,雄蕊为花冠裂片的2倍,花药孔裂,子房下位,由昆虫或风媒授粉。

4. 果实

果实的大小及颜色因种类不同而略有差异。果实直径在0.5～2.5厘米,形状为扁圆形、长圆形、卵形、梨形或近圆形,有宿萼。果实颜色有紫黑色或黑色,许多栽培品种因为有较厚的蜡质层而呈蓝色或浅蓝色,单

果重为1～2克。

二 生态学特性

1. 温度

不同的蓝莓品种对气候条件的要求不同。北高丛蓝莓,喜欢冷凉的气候,需冷量(<7.2 ℃的低温积累时间)一般要求800小时以上,抗寒力较强,有些品种能抗−30 ℃的低温,适宜栽植在低温休眠期稍长的北方地区。南高丛蓝莓喜欢温暖、湿润的气候,耐湿热,抗寒力差,需冷量小于600小时,适宜在低温休眠期短的南方栽植。半高丛蓝莓,是高丛蓝莓和矮丛蓝莓的杂交后代,需冷量为1 000～1 200小时,抗寒力较强,可抗−35 ℃的低温,适宜栽植在休眠期较长的寒冷北方。矮丛蓝莓,高需冷量,具有很强的抗寒力,可抗−40 ℃的低温,适宜栽植在北方寒冷地区。兔眼蓝莓,耐寒性较差,仅耐−20 ℃左右的低温,−27 ℃时受冻,需冷量只有350～650小时,抗湿热,丰产,寿命长,其休眠期与需水期均较短,可以在我国南方地区栽培,向北发展需注意花期霜害和冬季冻害。

2. 光照

蓝莓对光照条件要求较高,充足的日照能够促进蓝莓完成光合作用,对形成花芽、提升果实的成熟度具有良好的推进作用,从而最大限度地提高产量。充分的日照还能促进蓝莓呼吸,提升植物本身的含糖量。蓝莓获得年均日照在1 700小时时可达到最佳的生长效果。如果在3—5月能够保证月日照时长在240小时以上,则能够保证蓝莓获得理想的开花率及着果率,从而保证其产量达到理想水平;而6—7月的日照强度达标,则可最大限度地保证果实质量达到标准要求。

3. 土壤

蓝莓为浅根植物,没有主根,其根系主要分布在树冠投影区域30～40厘米深的土层内,对土壤质地要求严格,怕涝、怕旱、怕黏土、怕盐碱,喜欢疏松、湿润、有机质丰富(有机质含量≥5%)且排灌条件良好、pH在4.0～5.5的土壤。土壤过酸(pH<4.0)或过碱(pH>5.5),都会造成蓝莓生长不良、产量降低,甚至植株死亡。因此种植人员在确定蓝莓的种植

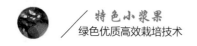
区域时,应充分考虑地区土壤的酸碱度,同时控制污染量,避免酸雨等灾害对土壤质量造成影响,从而降低蓝莓的产量和品质。

4. 水

蓝莓的根部特征决定其无法承受过量的雨水,否则会导致其根部缺氧,遇到洪涝灾害时更会引发根部腐烂,导致植物全部死亡。反之,如果雨量不足,也会使其无法吸收到足够的水分而发生果树干枯的现象,影响果实的成熟度。蓝莓在萌芽期和膨大期对水分的需求量最高,春季萌芽阶段的降水量满足4毫米以上,夏季果实膨大期的降水量应高于40毫米,由此可见,蓝莓的种植应倾向于选择在总降水天数为150～180天且年均降水量高于1 500毫米的区域,主要在春夏两季进行种植。

5. 风

蓝莓植株高度通常为1米左右,因此风力对蓝莓生长的影响较小,风力在6级以下不会对蓝莓生长构成较为严重的威胁。

三 蓝莓的营养价值

蓝莓果实富含各种维生素及营养物质,能增强和调节人体免疫力,增强心肺功能,保护毛细管,具有抗氧化、抗炎、抗溃疡、抗衰老、抗癌、调整胃肠道等一系列功能,而且蓝莓果实还可以促进和活化视网膜中的视红素再合成,能缓解眼睛疲劳、干涩、胀痛等一系列问题,保护和提高视力。

蓝莓鲜果还可以制成多种果品、果糕或用作鲜食。果实出汁率在80%以上,是制造清凉饮料的原料,可以将多种果汁混以蓝莓,制成蓝莓苹果汁、葡萄蓝莓汁、蓝莓鸡尾酒等。以蓝莓为原料制成的果酒色泽鲜艳,口感浓郁醇厚。在日本等国,蓝莓果实制品已成为飞行员和长期从事电脑工作人员解除眼部疲劳的最佳补品。目前,用蓝莓果实生产的产品主要有果酒、果酱、饮料、食用色素等。蓝莓加工中剩下的果渣可用来提取色素、酿醋和生产酶制剂等。蓝莓叶片及全株含鞣质,可提取栲胶。

第二节　蓝莓的起源与分布

一　蓝莓的起源与传播

蓝莓原产于北美洲,其历史可以追溯到 8 000 多年前的印第安人时期。印第安人早在公元前 2000 年就已经开始采集蓝莓,他们不仅食用蓝莓,还用蓝莓植物的部分来制作药物和染料。他们相信蓝莓有神圣的特性,甚至将其纳入宗教仪式中。在 17 世纪,欧洲殖民者将蓝莓种子带回欧洲,并开始种植。但直到 19 世纪,蓝莓才真正开始在欧洲广泛种植,并且成了一种受欢迎的水果。

蓝莓的人工栽培最早始于美国,1906 年,Coville 首先开始了野生蓝莓的选种工作,1937 年将选出的 15 个品种进行商业化栽培。到 20 世纪 80 年代,美国已选育出适应各地气候条件的优良品种 100 多个,形成了缅因州、佐治亚州、佛罗里达州、新泽西州、密歇根州、明尼苏达州、俄勒冈州主要经济产区,总面积 1.9 万公顷,已成为美国主栽果树树种。继美国之后,世界各国竞相引种栽培,并根据气候特点和资源优势开展了具有本国特色的研究和栽培工作。荷兰、加拿大、德国、奥地利、丹麦、意大利、芬兰、英国、波兰、罗马尼亚、澳大利亚、保加利亚、新西兰和日本等国相继开展商业化栽培。据统计,截至 2021 年,全球蓝莓种植面积达到 23.54 万公顷,总产量为 179 万吨。中国以 6.9 万公顷的种植面积超过美国成为全球最大的蓝莓生产国。

二　蓝莓的分布

蓝莓作为世界第二大浆果,总产量由 1995 年的 2.36 万吨增长到 2021 年的 179 万吨,增长了几十倍。据不完全统计,全球有超过 45 个国家和地区开展蓝莓的种植生产,目前栽培面积超过 23 万公顷,但市场仍处于供不应求状态。蓝莓种植遍及全球,形成了北美洲、南美洲、欧洲、地中

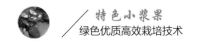

海地区及北非、南非、亚太等六大产区,其中亚洲种植面积和产量分别占据了全球的16.07%和5.14%,近10年来,亚洲面积和产量的增加主要来源于中国。

▶ 第三节　我国蓝莓产区划分

　　我国蓝莓的栽培起步较晚,1983年吉林农业大学率先在国内对蓝莓进行引种栽培。近年来我国的蓝莓栽培发展比较迅速,栽培面积不断扩大,栽培品种不断增多。我国蓝莓种植主要分布于东北、华东和西南区域,形成五大蓝莓产区,分别为长白山产区、辽东半岛产区、胶东半岛产区、长江流域产区和西南产区。

　　长白山产区中,目前形成的主要集中产区有通化、抚松、临江三个。该产区的主要特点是无霜期为110～150天,年降水量为600～800毫米,分布均匀,雨热同季的气候条件极其有利于蓝莓的生长,光照充足,昼夜温差大,果实品质好。土壤为森林土壤,pH在4.0～5.8,呈弱酸性。土壤有机质含量较高,稍加改良即可满足蓝莓对土壤条件的要求,工业和农业污染少,有利于蓝莓生产的需求。蓝莓果实成熟期为7月底至9月中旬,是目前我国蓝莓鲜果成熟期最晚的区域。

　　辽东半岛产区为典型的酸性砂壤土,土壤疏松、透气、排水良好,为蓝莓种植提供了较为理想的土壤条件。这个区域属于长白山余脉地区,草炭土和松针落叶等资源相对丰富,蓝莓建园成本较低。该区域无霜期为160～180天,属于暖温季风性气候,适宜于大多数北高丛蓝莓栽培,降水量为600～1 200毫米,水资源丰富。经过15年的发展,目前形成了大连庄河和丹东2个蓝莓中心产区。此产区的蓝莓露地生产鲜果采收期为7月初至8月下旬,补充了南方产区的不足,是我国优质蓝莓鲜果成熟相对较晚的生产区域。

　　胶东半岛的威海到连云港产区,土壤为酸性砂壤土,光照资源丰富,昼夜温差大,是我国优质水果产区之一。该区属于典型的暖温季风性气候,无霜期为180~260天,年降水量为600~800毫米,冬季气候温和,空气湿度大,适宜所有北高丛蓝莓品种栽培生产。即使在此区北部的烟台,所有北高丛蓝莓品种也都可以安全露地越冬,无抽条现象。在青岛以南产区,部分南高丛蓝莓品种和兔眼蓝莓品种也可以安全露地越冬,目前此产区是我国北方蓝莓的露地最佳优势产区。露地生产6月中旬至8月初供应鲜果。但此产区由于需冷量问题,日光温室生产比辽东半岛晚熟15~20天,因此,相对来讲,温室生产和辽东半岛相比不具优势,但因果实能在4月下旬至5月中旬成熟上市,具备较强的市场竞争力。

长江流域的上海、江苏、浙江、安徽、湖南、湖北和江西一带,全年无霜期为190~280天,年降水量为750~2 000毫米。土壤多为酸性的黄壤土、水稻土和砂壤土。夏季温度高,南高丛蓝莓品种和兔眼蓝莓品种表现优良。以露地生产蓝莓鲜果为目标,南高丛蓝莓品种的成熟期在4月中旬至6月下旬,兔眼蓝莓品种的成熟期在6月中旬至8月中旬,早中晚熟品种搭配可以实现露地生产3个月的果实采收期,具有露地生产优势。

西南产区主要包括云南、贵州和四川等地,近几年蓝莓的发展很快,此地区土壤多为酸性红壤土、黄壤土或水稻土,砂壤土较少,气候条件变化多样,全年无霜期从190天(丽江)到350天(临沧)不等,几乎适合所有蓝莓品种生长。果实的成熟期较早,南高丛蓝莓品种成熟期在4月末至6月初,兔眼蓝莓品种成熟期在6月初至8月中旬。此产区的主要生产目标是利用区域差异优势进行蓝莓露地生产,提早供应鲜果市场,这是北方产区无可比拟的优势。特别是云南省具有海拔高、紫外线强、光照充足的特点,生产的蓝莓果实皮厚、甜度高、耐贮运,可以依据此区域不同的海拔高度合理配置南高丛、北高丛或兔眼蓝莓品种,产区优势明显。目前西南产区形成的集中产区主要有云南的澄江、玉溪、丽江、曲靖、大理,四川的成都地区,贵州的黔东南地区。

第七章

蓝莓分类与优良品种

蓝莓在分类学上属于杜鹃花科越橘属,全世界分布的越橘有400种。蓝莓的种类很多,根据树型特征、生态特征、果实特征可分为五种:北高丛蓝莓、南高丛蓝莓、半高丛蓝莓、矮丛蓝莓和兔眼蓝莓。

▶ 第一节　北高丛蓝莓

北高丛蓝莓喜欢冷凉的环境,抗寒能力较强,有些品种可抵抗-30℃低温,适合我国北方沿海湿润地区及寒地种植。

一 布里吉塔(Brigitta)

1979年澳大利亚发现的晚熟品种。树势强,树高中等,果粒大,甜度Brix值约为14.0%,pH为3.30,香味浓,果味酸甜适度,果蒂痕小而干,是同一时期果味最好的品种。土壤适应性强,已经普及世界各国,是作为鲜果专用的品种。

二 莱格西(Legacy)

1993年美国新泽西州发布的中晚熟品种。树直立型,果粒中大,甜度Brix值约为14.0%,pH为3.44,有香味,丰产性强。果实甜中带酸,较受人喜爱。果实贮藏性好,便于运输。果皮亮蓝色,果粉多,果蒂痕小且干。果实成熟期接近一致,过熟时亦不落果、裂果,适宜于机械采收。

三 蓝丰（Bluecrop）

1952年美国新泽西州杂交选育的中熟品种。果实大、天蓝色，果粉厚，肉质硬，果蒂痕小而干，具有清淡芳香味，未完全成熟时略偏酸，风味佳，贮藏性好。收获期稍有裂果和落果现象。树体生长健壮，树冠开张，幼树时枝条较软，抗寒、抗旱，对土壤适应能力强，稳产、丰产性好，是优良的鲜食品种。

四 爱国者（Patroit）

1976年美国缅因州选育的中早熟品种。果实大，蓝色，略偏圆形，果肉硬，香味好，果蒂痕极小且干，风味极佳。树势强，直立，耐寒性强，能抵抗-29℃低温。该品种是寒冷地区鲜食和庭院栽培首选品种。

五 埃利奥特（Elliott）

1974年美国农业部选育的极晚熟品种。果实中大，果皮亮蓝色，果粉厚，果肉硬，有香味，风味佳，果实成熟期集中，丰产性好。树势强，直立，可以机械采收。在寒冷地区栽培成熟期较晚，基本上主导了蓝莓鲜果的后期销售。

▶ 第二节　南高丛蓝莓

南高丛蓝莓喜欢生长在湿润温暖的环境中，适合在我国黄河以南地区如华东、华南地区推广种植。在山东青岛地区，栽培果实于5月底到6月初成熟，南方地区成熟期更早。

一 夏普蓝（Sharpblue）

1976年美国佛罗里达大学选育的中熟品种，果实中大，果面中等蓝色，有香味，果蒂痕小而湿。果汁多，适宜制作鲜果汁，不耐运输。树势

中强,开张型,需冷量为150～300小时,土壤适应性强,丰产性好。

二 薄雾(Misty)

1989年美国佛罗里达大学选育的中熟品种。树势中等,开张型。果粒中大,甜度Brix14.0%,酸度pH为4.2,有香味。果蒂痕小而干。低温需求量200～300小时。是南部高丛蓝莓品种中最丰产种,属暖带常绿品种。

三 奥尼尔(O'Neal)

1987年美国北卡罗来纳州选育的早熟品种。树势强,开张型。果实大粒,甜度Brix值为13.5%,pH为4.53。香味浓,是南高丛蓝莓品种中香味最浓的。果肉质硬,果蒂痕小、速干。需冷量400～500小时,丰产、耐热品种。

▶ 第三节 半高丛蓝莓

半高丛蓝莓是由高丛蓝莓和矮丛蓝莓杂交获得的品种类型。半高丛蓝莓一般树高0.5～1.0米,果实比矮丛蓝莓大,但比高丛蓝莓小,抗寒力强,可抗-35℃低温,适宜于北方寒冷地区栽培。

一 北陆(Northland)

1968年美国密歇根大学农业试验站选育的中早熟品种。果实中大、蓝色、圆形,果粉厚,果肉紧实,汁多,酸度中等,风味佳,果蒂痕中等且干,成熟期较为集中。树体生长健壮,树冠中度开张,成龄树高可达1.2米左右。土壤适应性较广,极丰产,抗寒,是寒冷地区栽培的优良品种。

二 北村(Northcountry)

1986年美国明尼苏达大学选育的中早熟品种。果实中大、亮蓝色,甜酸,风味佳。树势中等,树高约1.0米,冠幅1.0米,耐寒性很强,抗-37℃

低温。早果,丰产性好,一般株产量可达1.0～2.5千克。叶片小、暗绿色,秋季叶色变红,树姿优美,适宜观赏,是高寒山区优良的蓝莓栽培品种。

三 北蓝(Northblue)

1983年美国明尼苏达大学选育的晚熟品种。果实大、暗蓝色,肉质硬,风味佳,耐贮藏。树势强,树高约0.6米,叶片暗绿色,有光泽。抗-30℃低温,丰产性好。株产量可达1.3～3.0千克,在较温暖地区株产量会增加,适宜于北方寒冷地区栽培。

▶ 第四节 兔眼蓝莓

兔眼蓝莓是从野生兔眼越橘类品种中选育出来的栽培品种,果实成熟前其颜色红如兔眼,故得名为兔眼蓝莓。该品种树体高大,寿命长,树势较强,抗湿热,对土壤条件要求不严,抗旱性好,但不抗寒,适宜在我国长江流域以南、华南等地区栽培。若在长江以北地区栽培时,要考虑花期霜害和冬季冻害。

一 芭尔德温(Baldwin)

1983年美国佐治亚州选育的晚熟品种。树势强,直立,树冠大。果粒中至大,甜度大,酸味中等,风味佳。果皮暗蓝色,果粉少。果实硬,蒂痕干且小。丰产能力强,需冷量为18～25天,抗病性强。果实采摘期可延续6～7周,适宜于庭园和观光园栽培。

二 顶峰(Climax)

1974年美国佐治亚大学选育的早熟种,由"Calaway"×"Ethel"杂交育成的后代。树形直立而稍开张,基部萌生枝较少,但足够更新树势。果粒中等大小,果粉少,果肉硬度中等,果蒂痕小。甜度Brix值为17.4%,pH为3.15,具香味,风味佳。果实成熟期比较集中,晚成熟的果实小且果

皮厚。果肉紧实,贮藏性好,适宜机械采收和作为鲜果销售。

三 灿烂(Britewell)

1983年在美国佐治亚州由"Menditoo"דTifblue"杂交育成的早熟品种。树势中等,直立。果粒中大,最大单果重可达2.56克,平均单果重约1.85克。果实甜度Brix值为17.4%,pH为3.35,有香味。果肉质硬,果蒂痕小且干。丰产性极强,抗霜冻能力强。不裂果,适宜机械采收和作为鲜果销售。

四 蓝宝石(Bluegem)

1970年美国佛罗里达大学选育的早熟品种。果粒有特殊香味,大小中等,甜酸中等。果蒂痕小而干,果皮呈亮蓝色,果粉较多,果肉紧实,贮藏性好,成熟后可在树上保留较长时间。果粒适合机械采摘,第1次的采摘量可超过总结果量的80%。

五 乌达德(Woodard)

1960年美国佐治亚州选育的早熟品种。果实中大、亮蓝色,扁圆形,果粉厚,果蒂痕大而干。果实完熟后风味极佳,但完熟前果味偏酸,果实质软,不适于鲜果远销。幼树时期树势弱,成年期后树体生长旺盛。需冷量低,春季高温后很快开花,易受霜害。为保证结实,以弱修剪为主。

▶ 第五节 矮丛蓝莓

此品种群是由原产地野生种或其繁衍种培育而来的,主要特点是树体矮小(一般高30～50厘米),抗旱和抗寒能力较强,在-40℃低温地区可以栽培,树体可在30厘米积雪覆盖下安全越冬。在瘠薄地、岩石裸露的丘陵地、平地等均能正常生长。对栽培管理技术要求简单,极适宜东北高寒山区大面积商业化栽培。由于果实较小,主要作为加工原料。

一 美登（Blomidon）

加拿大农业部肯特准尔研究中心从野生矮从蓝莓品种中杂交选育的中熟品种。在我国长白山区7月中旬成熟。果实圆形,淡蓝色,果粉厚,有清淡香味,风味佳。树体生长势强,丰产,5年生树平均株产0.83千克,最高达1.59千克。抗寒性极强,是高寒山区发展蓝莓的首推品种。

二 芝妮（Chignecto）

加拿大选育的中熟品种。果实近圆形、蓝色,果粉多。叶片狭长,树体生长旺盛,易繁殖,较丰产,抗寒力强。

三 芬蒂（Fundy）

加拿大选育的中熟品种,果实略大于美登,淡蓝色,有果粉,丰产。

第八章

蓝莓种苗繁育技术

第一节　扦插育苗

一　硬枝扦插

1. 插条选择

在插条选择方面，需要从无病虫害、生长健壮的树上剪取，尽可能避免选择具有冬季冻害及徒长枝的枝条。如果蓝莓园中发生过病害，在实际插条选取时则需要保证其长度至少有15厘米。扦插枝条最好为一年生营养枝。如果插条不足可以选择一年生花芽枝，扦插时应将花芽抹去。

2. 剪取时间

插条的剪取需在其春季萌芽之前进行，一边剪一边插条，起到节省插条贮存的作用。进行大量育苗工作时，则需要提前做好插条的剪取。通常来说，枝条在萌发时需要800～1 000小时冷温，因此在实际确定剪取时间时，需保证其在冷温积累方面能满足要求。

3. 削插条

该工作要选择好工具，保证切口平滑且锋利。对于插条来说，通常长度在8～10厘米，插条上部以平切方式进行处理，下部则以斜切方式进行处理，保证下切口处于芽下方，以提高生根率。切完插条之后，需要根据实际情况将其捆在一起，使用湿河沙暂时埋藏。

4. 基质选择

草碳和河沙等都可以作为扦插基质。如果使用锯末或者河沙作为扦插基质,生根后则需要及时进行移栽,一旦移栽不及时,则可能影响苗木的生长发育。因此,为了降低实际操作当中的复杂性,可以选择草碳同河沙混合应用。

5. 苗床选择

可以在田间直接扦插,将其铺设成1米宽度、25厘米厚度的基质床,根据具体工作开展需求做好其长度标准。但该方式有一个缺点,即地温及气温较低,影响其生根率。目前应用较为广泛且价格相对低廉的一种方式是使用木质结构的架床,通过木板的使用将其制作成长宽高分别为2米、1米、0.4米的木箱,在木箱的底部位置钉0.4米筛眼的硬板,通过圆木架的使用将木箱同地面保持一定的距离,在对基质温度进行提高的基础上实现其生根率的提升。

6. 扦插

上述工作完成之后,即可以正式进行扦插工作。具体方式是对基质浇水,既要保证浇透,又要做好具体水量的控制,最好是在湿度满足要求的同时无积水。水分情况满足要求后,则将插条按照垂直向下的方式插入,并做好插条之间距离的控制,通常来说5厘米即可,避免因扦插密度过大对其生根之后的发育产生影响。

7. 扦插后管理

(1)水分管理。扦插完成后,需要定期浇水,保证土壤湿度始终处于需求范围内,并做好水量的控制,避免出现浇水过少或者过多的情况。如果在阳光下较长时间放置及水温较高时,则需要等水全部放凉之后再浇,避免因水温过高造成伤苗。5—6月是水分管理的重点阶段,此时叶片已全部展开且没有生根,若没有及时做好控制,则很可能因缺水致使插条死亡。

(2)肥料管理。扦插前不得将任何类型的肥料施加在基质当中,在完成扦插工作后也不能施肥,需等插条生根之后才可以施肥,以便对苗木的生长起到积极促进的作用。具体施肥方面,要以液态的方式处理,每7天施肥1次,在施肥工作完成之后及时对其进行喷水处理,对叶片上存在的肥料残渣等进行冲洗,以免因肥料在叶片上长时间堆积而伤害叶片。

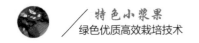
(3)移栽。对于苗木来说,需要在苗床上越冬。对此,则需在入冬之前做好培土等相关工作。

(4)病虫害管理。苗木生根育苗期间,通过去病株及通风的方式实现对病害的控制。如果是在温室及大棚中育苗,则更需要做好通风工作,在降低内部温度的基础上实现真菌病害率的降低。

二 绿枝扦插

1. 插条准备

在蓝莓的生长季节对插条进行剪取,最佳剪取时间是蓝莓果实刚生长阶段,二次置枝侧芽还没有萌发,所剪取的插条具有较高的生根率,最高可达90%,如果没能在该时间段及时剪取插杀,后续再剪取的插条的生根率则逐渐降低。

在蓝莓实际扦插过程中,春梢停止生长前30天进行扦插处理,将具有较高的生长率;若在夏季春梢停止生长且花芽原始体已经萌发时剪取,则扦插后蓝莓只能在第二年开花,这对苗木生长不利。在插条工作当中,重点做好插条长度的控制,即5个叶片长度为宜,对于同一个新梢,不同位置的插条生根率也不同,与同枝条的中上部相比,枝条基部的生根率较低。

2. 蓝莓插床

通常来说,需要将蓝莓苗床设置在大棚及温室中,并在地面上对宽1米、厚15厘米的基质进行铺设,基质选择腐海藓较好。在大棚中,最好有弥雾设备,如果没有,可以建0.5米的小拱棚,以此保证湿度。

3. 扦插及管理

将蓝莓插条在生根剂中蘸一下再插入基质中,提前将基质浇透,插入间距为5厘米,2~3个节位的深度。在实际扦插中,为减少水分蒸发,可去除插条下部的1~2片叶。将枝条插入基质中后,去掉枝段上的叶片以便于具体扦插操作,但需要控制好去除叶片的具体数量,避免因叶片去除过多对生根率以及后续苗木发育产生影响,最后对其喷多菌灵600倍杀菌。在实际生长中,24℃是蓝莓生根的最适温度,若中午温度较高,可以将小拱棚打开通风。蓝莓生根后,每周施加一次0.4%的复合肥,促进蓝莓生长。对于绿枝扦插来说,通常在每年的6—7月进行,但需在入冬前没有停止生长时,做好温室的加温处理,白天温度控制在24℃,夜间控制在16℃并适当补充光照。

▶ 第二节　组织培养育苗

蓝莓的组织培养技术日趋成熟,已逐渐成为大规模种苗生产的主要技术方法。

一　材料选择

在蓝莓的组织快繁中,众多研究者都选择植株的茎段作为外植体进行组织培养。茎段应在生长良好、无病虫害、品种优良的植株上获取,再从植株上选择发育良好且组织代谢旺、再生能力强的木质化新梢作为外植体的取材对象,剪取的外植体大小要适宜,一般1.5厘米的茎尖、2.0厘米的茎段或者未开放的芽苞较为适合,太小不易成活,太大杀菌不易彻底,导致污染。同时,应选择连续3~4天天气晴好的春夏中午时分进行外植体的取材,避免因阴雨天气或早晨露水,造成外植体消毒困难和接种后的污染。种子则选取所收获的饱满且成熟的种子即可。

二　组培苗培养

1. 外植体消毒

将取回的外植体用自来水和洗衣粉溶液反复清洗30~60分钟,再在超净工作台上依次用70%的酒精表面消毒30~60秒、2% NaClO浸泡10分钟、0.1% HgCl$_2$浸泡10分钟,此方法的消毒效果较佳。

2. 外植体接种

将消毒后的外植体置于超净工作台内进行分离,用小刀将外植体分割成所需要的小块,再用镊子将其转移到已灭菌的初代培养基上。用无

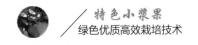

菌滤纸吸取茎上残留液滴,将茎端切口1.5毫米处切除后插入MS+0.6～0.8毫克/升ZT+0.5毫克/升维生素C的培养基中(其中MS培养基中的维生素B$_1$增至0.4毫克/升,肌醇为100毫克/升,pH为5.0～5.3),置于培养室2 000～3 000勒克斯下进行光照培养。

3. 丛生芽的诱导与增殖

当蓝莓试管苗长到5～8厘米时即可切下接种于MS+0.5～2毫克/升ZT+0.2毫克/升NAA(其中MS培养基中的维生素B$_1$增至0.4毫克/升,肌醇100毫克/升,pH为5.0～5.3)培养基中,放置于培养温度为25℃±2℃、光强度为2 500勒克斯、光照达到12～16小时的培养室中进行光照培养。夏天每周需要进行一次通风,冬天则须利用空调调节通风,以保证外植体生长所必需的氧气。培养室的空气湿度一般控制在70%～80%,该条件下能够满足培养物正常的分化和生长的需求,若湿度过低,培养基易干燥,达不到蓝莓组培苗对于水分的需求,容易造成幼苗瘦小、茎叶老化变红、分化过程受阻等现象。

4. 试管苗生根培养

当蓝莓试管苗长到2厘米高左右时,将其转移至1/2 WPM+0.5毫克/升IBA(蔗糖15克/升,琼脂3克/升,pH为5.0)的生根培养基上进行光照培养。

5. 适应性炼苗与生根

在适应性炼苗中,先将准备瓶外生根的瓶苗放置于大棚内,去掉大棚的遮阳网,使日光对瓶苗进行照射,之后陆续打开瓶盖,时常转动瓶子。生产经验表明,大概需要7～14天即可完成适应性驯化,使苗木抗性得到提高。炼苗后,用镊子划碎培养基,夹出种苗,在净水中洗掉培养基,操作时尽可能不损害到根系。生产上为提升瓶外生根率,通常在生根前用生根剂对种苗进行处理。邢瑞丹等人在实验中,将洗净培养基后的植株用1 000～3 000毫克/升IBA速蘸处理,扦插在装有苔藓的培养基上,置于大棚内,培养盘上扣小拱棚保温保湿,冬季拱棚内温度维持在15～25℃,夏季控制温度不超过28℃,20天后即可生根。

三 移栽营养钵与管理

大多数工厂化蓝莓移栽采用的是8厘米×8厘米的黑色塑料营养钵，选用园土∶草炭∶有机肥＝1∶1∶1并加入硫黄粉1~1.5千克/米³混合均匀的基质。这种基质既适合蓝莓根系生长，且成本低、易获取。在定植前要对摆放场地进行无菌处理，再将基质填满塑料钵，按一定宽度整齐放置，对钵内基质喷透水，待基质沥干之后，在基质中间打孔定植小苗，孔的直径约为2厘米，深以2~3厘米为宜，定植后要封实苗孔，喷透定根水，加盖小拱棚，外罩遮阳网，促缓苗。移栽后更要加强水肥和病虫害的管控。营养钵移栽后，往往出现杂草丛生的现象，应及时人工拔出，避免产生病虫害。

第九章 蓝莓高产高效栽培技术

▶ 第一节 蓝莓生产存在的问题

我国对蓝莓的研究、引种和栽培起步较晚，自主培育的品种较少，且产业化程度不高。

从种植方面来看，我国目前蓝莓种植区域主要集中在东北三省和山东、江苏等地，技术比较成熟，而南方各省份蓝莓种植还处在起步摸索的阶段，技术还不完善，风险比较大。

从销售方面来看，目前我国栽植的蓝莓，鲜果中约90%出口到日本，只有约10%在国内各大城市的大超市销售，价格昂贵，只有少数人消费。国内多数人对蓝莓还不了解，市场相当小，还有待开发。

▶ 第二节 蓝莓绿色轻简高效栽培技术

本操作方法详细地介绍了蓝莓生产的园地选择、建园、土壤、肥水管理、树形管理等，适用于安徽省及邻近地区的蓝莓生产。

一 产地环境

园地要求交通便利，灌溉方便，生态环境良好、无污染，远离污染源，原则上不宜选择陡坡和洼地建园。同时，保证园区具有可持续生产的能力，不对环境和周边其他生物产生严重的污染。

二 土壤要求

土壤环境要求符合《绿色食品产地环境质量》（NY/T 391–2021）的规定。光照充足、土壤疏松、通透性好，有机质含量最好在3%以上。蓝莓园地要求土壤pH必须合适，一般要求在4.5～5.5。对于兔眼蓝莓，土壤pH以4.5～5.5为佳；对于高丛蓝莓，一般以4.5～5.2为佳。如果土壤pH达不到要求，最好在蓝莓定植前一年进行土壤改良。

三 建园

1. 调整土壤酸碱度

施硫黄粉要在定植前一年或定植当年至少6个月之前进行，从而使施用的硫黄粉在当年起作用。一般要使每平方米15厘米厚土层的pH每降低1，如暗棕色土壤，需施130克硫黄粉，其效果可以维持3年以上，其他类型的土壤也可参考此用量。

当土壤pH低于4.0时，土壤中铁、锌、铜、锰、铝等金属元素的供给增加，将导致蓝莓中毒、生长不良甚至死亡。此时需要增加土壤pH，常用石灰进行调节。当土壤pH为3.3时，每公顷施用石灰8吨可使pH增至4.0以上，产量提高20%。石灰的施用也应在种植前一年进行，施用量取决于土壤类型和pH。

在pH偏差不大的情况下，也可使用发酵后的锯末、松针和烂树皮等酸性基质掺入土壤，从而将土壤酸碱度调整至蓝莓生长所需的pH。

2. 整地和起垄

果园用地最好是平坦或缓坡的地块。蓝莓是强喜光树种，园地要有充足的光照，附近应没有高大的树林或建筑物。如果在坡地建园，一般选在向阳坡而避免阴坡种植蓝莓。园地附近要有灌溉水源且园地排水宜畅通。

3. 品种选择

品种的选择要适宜于本地栽种。选择适应性、丰产性、抗逆性及商品价值高的蓝莓品种。鲜食品种以南高丛品种为主，主要包括奥尼尔、

薄雾、密斯梯、夏普蓝等,以及兔眼品系的巴尔德温;生产加工果以灿烂、顶峰和巴尔德温等兔眼品系为主。

蓝莓为异花授粉植物且异花授粉结实率较高,获得好的收成还需要合理配置授粉树。蓝莓多个品种之间的开花期差异甚微,同一类型的两个品种之间均可互作授粉树,如"灿烂"和"顶峰"之间均可以相互授粉。因此园区应种植花期基本一致的两个或以上品种,从而保证其相互授粉。

4. 栽植密度

蓝莓的栽植密度为200~220株/亩。根据品种特性和地块坡度的不同,栽植密度可适当调节,一般株形较矮品种密度要比高的品种的栽植大,坡地的栽植密度要比平地小。

我国一般以人工作业为主,可适当密植,行距2.0~2.5米,株距1.2米。兔眼蓝莓植株较大,密度可以适当减小,株行距可采用2.5米×1.5米。实际的栽植密度可以根据各品种植株大小、土壤肥力和管理水平作适当调整。土壤肥力状况较好、管理水平高的园地应加大株行距。

5. 填充物与基肥

蓝莓在栽植前,应开挖定植沟和定植穴,深度一般在45~50厘米。若土壤偏黏,在定植沟或定植穴中可掺入泥炭或腐熟的碎树皮、干草、锯屑等,上面盖10厘米左右的土,以避免未腐熟的植物残体与苗木根系直接接触。也可在沟、穴土壤的下层预设少量农家肥或无机复合肥作为底肥,并将肥料与土充分混合,上面同样盖一层土。下层施肥有利于根系纵向发展,一般亩施农家肥200~500千克。

基肥施用遵循"有机肥为主,化肥为辅"的原则。腐熟的有机肥一般每亩施用1 000~2 000千克。化肥一般每亩施用50~75千克的硫酸钾型复合肥。

（四）定植

1. 苗木选择

选择培育时间在2年以上,苗高度超过50厘米,主茎直径为0.8~1.0

厘米,且苗木分枝多、枝条粗壮、根系发达、无病无伤的蓝莓壮苗。

2.栽植时间及深度

(1)栽植时间:春秋两季均可栽植。秋季栽植时间为11—12月;春季栽植时间为2—3月。一般秋季栽植的成活率相对较高。

(2)栽植深度:宜浅不宜深。定植穴内施入基肥后,在基肥上面填入20~30厘米熟土以阻隔肥料与苗木根系的直接接触,然后将苗木放在定植穴中央,回填土,回填深度以苗木根茎略高出原地面1~2厘米为宜,浇足定根水沉实,再覆盖1~2厘米厚的细土。还可以整畦或树盘下铺3~5厘米厚松针或锯末,以调节土壤pH,以提高土壤有机质含量。

五 肥水管理

1.施肥

(1)施肥原则及施肥时间:一般在基质、沙质土壤,或用有机物充分改良、足够疏松的土壤上,采用撒施的方法;而在壤土和黏土上不宜用撒施的方法。在壤土和黏土上可以采用开沟或挖小洞穴的方式施肥,但沟、穴不宜过深,在壤土为10厘米左右,在黏土为15~20厘米。开沟时要避免伤及植株的大根,成年果园中可以开以植株基部为中心的放射形沟,或以植株基部为圆心的圆弧形沟,结合叶片分析和土壤分析及产果量确定施肥量。不用含氯、含钙、含硝酸盐的化肥,提倡施硫酸钾型复合肥。每年施肥2次,分别在开花前后和果实采收结束后进行。

(2)施肥量:通常兔眼蓝莓每年可施肥2次,第一次在开花前后,第二次在果实采收结束以后。高丛蓝莓果实成熟较早,施肥时间和兔眼蓝莓相当。氮肥不足的部分可以分批追施,频度与土壤和施肥方式有关。如果是通透性强、保肥保水能力较差的土壤,可以通过滴灌施肥,每2周施肥1次,每次施肥量要小;反之,可以适当延长施肥间隔时间,增加每次的施肥量。钾肥不足的部分,可以和氮肥同时补充,也可以分1~2次补充。蓝莓对过多的肥料比较敏感,施肥量不宜过大,必需的用量也应尽量分多次施入,否则极易造成肥害。具体的施肥量还要根据土壤的元素含量、土壤质地和植株需肥量来定。植株的需肥量和树体营养水平及生

长结果情况有关,越是生长旺盛、结果量大的植株需肥量越大。如果植株矮小,生长缓慢,不能靠加大施肥量促进其生长,应谨慎施肥。高丛蓝莓可以适当增加施肥量,幼年果园则需要根据植株大小确定施肥量。

2.水分管理

蓝莓要取得好的收获,田间持水量必须严格控制在60%~70%。在水分控制方面,幼年果园应与盛果期果园有所区别。前者可以始终保持最适宜的水分条件以促进营养生长;而后者在果实发育阶段和果实成熟前必须适当减少水分供应,防止过快的营养生长与果实争夺养分,以提高产量和品质;待果实采收后,恢复最适的水分供应,以促进营养生长。中秋至晚秋减少水分供应,此时土壤相对含水量应控制在50%~60%,以利于植株及时进入休眠。

六 整形修剪

1.修剪时间

对于幼树,整形修剪的目的是促进其尽快成形、提早丰产;对于成年树,修剪的目的是调节其生长与结果的平衡,改善树体的通风透光条件,提高产量、果实品质和连续丰产的能力,延长树体的经济寿命。根据修剪时间的不同,整形修剪又可分为生长期修剪和休眠期修剪,目前的蓝莓修剪以休眠期修剪为主、生长期修剪为辅。

2.修剪方法

(1)幼年树修剪:定植成活后的第一个生长季,尽量少剪或不剪,以迅速扩大树冠和枝叶量。当植株上部的枝条形成较好的树冠,下部或中部的原有辅养枝因得不到充分的阳光而变成影响通风透光的养分消耗者时,应及时疏除。前3年的幼树在冬季修剪时,主要是疏除下部细弱枝、下垂枝、水平枝及树冠内膛的交叉枝、过密枝、重叠枝等。

(2)成年树修剪:修剪原则是从下而上、从外而内;根据树龄、树势确定选留花芽量及枝组。进入盛果期以后,树冠的大小已基本达到要求,应开始控制树冠的进一步扩大,并把有限的空间留给生长较旺盛的枝条或枝组。除弱枝外,病枝、枯枝、交叉枝、靠近的重叠枝也是需要疏除的对象。

七 疏花疏果和保花保果

正确、适当地疏花疏果会显著提高果品质量,有助于连年丰产,同时能延长果园的经济寿命。幼树挂果过多,则成形慢,进入盛果期慢,不利于充分利用果园空间,总效益降低;成年树挂果过多,容易造成大小年,果实品质差,蓝莓树势衰老相对较快。

花果量大时,营养枝萌发量少,长势弱,营养生长和结果不平衡,容易造成花芽形成量减少,花芽质量不高,从而减少来年的产量。在疏花疏果的程度上,兔眼蓝莓和高丛蓝莓应有区别。在盛果期,兔眼蓝莓的多数品种每株的果实产量应控制在5～8千克,高丛蓝莓应控制在每株3～5千克。具体控制程度要视品种和植株长势而定。可以根据每个花芽的结果数量、品种的平均单果重、每株的花芽数量等粗略估计预期产量。

▶ 第三节   蓝莓的采收与贮藏

一 采收时间

蓝莓果实的成熟期不一致,需要分批采收。果实表面由最初的青绿色,逐渐变成红色,再转变成蓝紫色到紫黑色时即为成熟了。雨、露、雾天、高温或果实表面有水时不宜采收。鲜食用果品采摘时要轻拿、轻放。病果、畸形果应单收单放。果实采收后,应立即进行预冷处理,使果实温度降至10℃以下,去除果实热量,防止腐烂。

二 包装及运输

蓝莓果实在包装、运输过程中,要遵循小包装、多层次、留空隙、少挤压、避高温、轻颠簸的原则。鲜销鲜食果实应选用有透气孔的聚苯乙烯盒或做成一定规格的纸箱,规格为每盒装果不超过800克。蓝莓果实采

用冷链运输,运输过程中应保持车厢中温度在10℃以下。装运时应轻装轻卸,防止挤压、颠簸。加工用果实用大的透气型料筐或浅的周转箱、果盆等直接包装运输至加工厂。

三 贮藏

在常温条件下,采收的果实存放保质期为2~3天。为延长贮藏期和供应时间,鲜果宜采用冷藏保鲜或气调贮藏保鲜的方式,贮藏温度在0~1℃或速冻后贮藏在-18℃以下。

第十章 蓝莓常见病虫害防治技术

蓝莓病虫害的防治采取"预防为主,综合防治"的方针。绿色蓝莓生产优先采用农业物理防治方法,必要时再使用药物进行防治,而且优先选用生物农药和高效、低毒、低残留的化学农药,交替用药,改进施药技术,采用先进施药器械,降低农药用量,达到减控减施效果,减少农业面源污染,促进蓝莓产业提质增效。

第一节 蓝莓常见病害的识别与防治

一 蓝莓叶斑病

1. 危害特征

主要表现为幼叶局部出现黑色斑点或叶尖出现焦枯。根据枯斑的形式和发展特征,可分为轮纹型、穿孔性和叶枯型。随着病斑的发生和发展,可表现为叶片扭曲、枯萎、脱落等情况。发病严重时,叶面积显著减小,新梢发育受阻,严重影响植株的生长和产量。叶斑病在兔眼蓝莓品种"顶峰"和"灿烂"中容易出现。

2. 防治方法

(1)及时防控果园虫害。蓝莓叶斑病的轮纹状病害与粉疥传播有很大的关系,及时灭杀媒介害虫对于病害的防控有很大的帮助。

(2)通过施肥并加强其他管理增强树势,争取使后生长的新梢上不再发病。

(3)蓝莓开花坐果之前及时使用昆仑风等抗病增产叶面肥进行喷

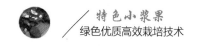
施;已经发生病变的,及时用药可以避免病害对蓝莓生长和结果持续产生影响。较常使用的杀菌药肥包括乙蒜素、百菌清、多菌灵等,建议轮换使用,以降低病害产生抗药性的概率。

二 蓝莓枯枝病

1. 危害特征

主要危害蓝莓嫩枝、枝条和主干。受害嫩枝形成褐色病斑,随着病斑的扩大,发病植株叶片变黄、枯萎,感病枝条的木质部组织变褐色或黑色,严重时整株死亡。

2. 防治方法

(1)移除被侵染的枝条,带出园区销毁,以切断初侵染源;尽量在植株休眠季节进行修剪,修剪后立马用苯菌灵、异菌脲和戊唑醇组成的混合膏剂保护蓝莓枝条伤口,或者通过喷施叶枯唑+嘧霉胺+甲基硫菌灵或多抗霉素来防治枯枝病。

(2)每亩用嘉美红利1袋+嘉美海力宝2~3千克滴灌,以增加根系吸收能力,膨果促花芽,增强植株对病害的抵抗力。

(3)合理控制施肥量,避免枝条在生长后期含水量过高。受冻害的灌木基部枝条是病原菌侵染的主要途径。

三 蓝莓根腐病

1. 危害特征

主要危害植株根部,首先在须根上发生危害,而且是毛细根先发生坏死斑,随后往上逐渐蔓延开来,病株根部腐烂变成褐色,整个植株根系枯死。病株生长缓慢,初步症状一般是树势瘦弱,叶片由上往下逐步变黄枯萎,渐渐导致整个植株枯萎,植株叶片掉光,直至死亡。

2. 防治方法

(1)合理加强土肥管理,去掉覆盖在植株根冠上的低有机质土壤,在秋天时,施用有机肥,以增强树势,保持良好的透风条件。

(2)在合适的时间里进行科学灌水,灌水时须注意控制灌水量,尽量避免出现土壤水分过多或过干的情况；夏天下雨后要加强排水措施，尽快让地表达到干燥的状态。

（3）当发现根腐病发病率在50%以下时，尽快将地里的病株和死亡植株清理掉，同时要用福尔马林对根腐病病株的穴消毒，10天以后才可以补栽蓝莓植株，与此同时用噁霉灵或多菌灵药液来浇灌植株根部；如果发病率超过50%，须将种植地里的蓝莓植株全部销毁，并用溴甲烷等对种植土壤进行熏蒸消毒处理。

（4）在发病初期，使用精甲霜·噁霉灵或亮盾灌根，7～10天后用50%噁霉灵乳油2 000倍液二次灌根，一般2～3次可根治。

四 蓝莓灰霉病

1. 危害特征

灰霉病是蓝莓栽培常见的一种病害，可危害蓝莓的果实、叶片及果柄，初期多在叶尖形成"V"形病斑，逐渐向叶内扩展形成灰褐色枯斑，后期病斑上产生灰色霉层，被感染的果实呈水渍状，软化腐烂，风干后果实干瘪、僵硬。

2. 防治方法

（1）发病初期，摘除病枝叶，焚烧销毁，并及时喷药保护，以减少再侵染机会。

（2）选择优良抗病品种，加强栽培管理，防止枝梢过密，增加园内通风透光，降低湿度，能有效减轻病害流行。

（3）蓝莓谢花后摘除残留的花柱花瓣，以防止二次侵染。

（4）蓝莓开花前每亩用嘉美红利1袋+嘉美海力宝2～3千克滴灌，同时叶面喷施嘉美脑白金1 000倍液，以增加根系吸收能力，促花芽，提高植株对蓝莓灰霉病的抗病能力。

五 蓝莓炭疽病

1. 危害特征

炭疽病在蓝莓种植区均可发生，严重影响植株长势以及果实的品质和产量。病原菌多侵染1~2年生枝条的花芽和叶芽,出现水渍状褐色斑点,后期病斑呈灰白色,病斑周围有红棕色晕圈,感病枝条萎蔫、枯死;也可侵染幼嫩叶片和枝条,产生红色圆形小病斑,病斑逐渐扩大呈棕褐色,病、健交界处有红色晕圈;病斑上散生黑色小点,即病原菌的分生孢子盘。开花至坐果期是病原孢子传播高峰期,高温高湿有利于此病害的流行。

2. 防治方法

(1)选用抗性蓝莓品种。

(2)均衡施肥,每亩用嘉美红利1袋+嘉美海力宝2~3千克滴灌,同时叶面喷施嘉美脑白金1 000倍液,以增加根系吸收能力,提高植株对病害的抗病力。

(3)保持园地土壤湿润,无积水。修剪树形,增加园内通风透光。及时剪除病枝,结合冬季修剪,剪除徒长枝、病枝,连同枯落物集中烧毁。

(4)25%吡唑醚菌酯、12.5%氟环唑、25%丙环唑+嘉美金点1 000倍液均对蓝莓炭疽病有很好的防效,每隔7~8天喷1次,连续防治2~3次。注意轮换用药。

（六）蓝莓病毒病

目前发现多种病毒可侵染蓝莓引起病毒病,如蓝莓花叶病毒、蓝莓带化病毒、烟草环斑病毒等。

1. 危害特征

蓝莓花叶病毒引起叶片褪绿、黄化,有时也在叶片上出现淡红或白色斑驳;症状在植株上分散,有时几年后才显症;导致果实成熟期延长,严重影响果实的产量和品质。蓝莓带化病毒主要靠蚜虫传播,在叶片上出现细长的淡红色条纹,花期部分花瓣出现淡红色条纹,导致叶片呈鞋带状或新月状卷曲,枝条大量死亡。烟草环斑病毒通过土壤中的线虫进行传播,导致叶片出现坏死环斑、穿孔、脱落、畸形,植株矮化、死亡。

2. 防治方法

(1)田间选用脱毒砧木,销毁感染植株。

（2）栽植蓝莓前进行土壤消毒,选用抗病品种。

七 蓝莓僵果病

1. 危害特征

僵果病是一种由真菌导致的病害,主要危害生长的幼嫩枝条和果实,导致幼嫩枝条死亡。感病的花变成灰白色,类似霜冻症状。感病叶芽从中心开始变黑,枯萎死亡。果实形成初期,受害果实外观无异常,切开果实后可见白色海绵状病菌。随着果实的成熟,与正常果实绿色蜡质的表面相比,被侵染的果实呈浅红色或黄褐色,表皮软化,病果在收获前大量脱落。

2. 防治方法

（1）入冬前清除果园内落叶、落果,烧毁或埋入地下,可有效地降低僵果病的发生。

（2）春季开花前浅耕和土壤施用尿素有助于减轻病害的发生。

（3）根据不同的发生阶段,使用不同的药剂。早春喷施0.5%的尿素,可以控制僵果病的最初阶段;开花前喷施50%速克灵,或选用50%腐霉利1 000~1 200倍液、70%代森锰锌可湿性粉剂500倍液、70%甲基托布津1 000倍液,可以控制生长季发病。

▶ 第二节　蓝莓常见虫害的识别与防治

一 金龟子（幼虫蛴螬）

1. 危害特征

幼虫主要危害蓝莓根部,咬食、咬断须根,使植株吸水肥困难,出现缺水症状,重者导致幼树死亡;成虫喜食蓝莓叶片、花果等,造成不同程度危害（图10-1）。

图10-1　蓝莓金龟子(左图为成虫,右图为幼虫蛴螬)

2. 防治方法

(1)人工捕杀:在金龟子成虫发生期(6—7月)傍晚,于树盘下铺块塑料布,摇动树枝,将振落在塑料布上的金龟子成虫收集扑杀。

(2)诱杀:每2公顷可安装一个频振杀虫灯或黑光灯,在灯下放置1个水盆或缸,使被诱来的金龟子掉落在水中而死;可在园内设置糖醋液(红糖1份、醋4份、水10份)诱杀盆进行诱杀。

(3)灌根:利用白僵菌制剂或除虫菊酯灌根,可防治蓝莓根围土中的蛴螬。

(4)园外治虫:在成虫发生季节对蓝莓园周围的树喷施氯虫苯甲酰胺或菊酯类农药防治园外金龟子。

 蓟马

1. 危害特征

成虫或若虫锉吸嫩梢、嫩叶,被害部位变硬、缩小,细胞死亡,生长缓慢,节间变短;随着新梢叶片生长,叶片卷曲变硬,凹凸不平,严重时叶片出现铁锈色;枝条顶梢坏死,茎呈铁锈木栓化。随着温度的升高,蓟马数量开始增长,果实成熟期为发病高峰。同时,蓟马传播病毒,导致蓝莓病毒病(如带化病毒等)发生,给蓝莓生长带来严重的影响。

2. 防治方法

(1)温室在展穗期、果实膨大期,用异丙威烟剂熏蒸处理2~3次,或结合叶面肥药物喷施防治2次。

(2)在采后修剪、夏剪新梢萌发后喷施药剂防治。嫩梢生长期,每隔7～10天喷施1次,新梢木质化后每2周喷施1次,可结合喷施叶面肥同时防治病害。药剂可选啶虫脒、乙基多杀菌素悬浮剂、呋虫胺可溶粒剂等,稀释1 000～1 500倍;阿维菌素稀释1 000倍。果实膨大期,可喷施生物制剂如苏云金杆菌600～800倍液,绿僵菌、白僵菌制剂按推荐量喷施。此类药剂防治效果较好,有利于保证食品安全性。以上药剂可交替进行。

三 蚜虫

1.危害特征

以成蚜或若蚜群集于植物叶背面、嫩茎,主要危害嫩叶和茎尖,通过口针吸取大量汁液造成蓝莓营养不良,生长缓慢或停滞、使叶片皱缩卷曲。蚜虫排泄的蜜露会覆盖叶片表面,不仅影响植物的呼吸和光合作用,还会引起霉菌滋生诱发黑霉病等,使花、果受到污染。

2.防治方法

(1)冬季蓝莓修剪过程中应当清除患病、虫蛀枝干,并清除田间的枯枝败叶及杂草等,消除虫害的越冬环境。在秋冬施肥过程中可以深翻土壤,精耕细作。

(2)做好水肥管理,适当提升磷钾类肥料及微量元素肥料,提升蓝莓的抗病虫害能力。

(3)使用物理防控技术,根据蚜虫趋向黄色、避开银灰色的趋性,可以铺银灰色地膜并结合黄板诱杀,特别是把第一批有翅蚜虫诱集到一起加以消灭。

四 介壳虫

1.危害特征

主要危害树干和叶片,偶有发生。叶片发生若虫在9月,冬眠成虫聚集在主干上,呈灰黑色,后随温室升温开始活动。

2.防治方法

在升温前修剪时,将枝干上介壳虫撸掉,并涂抹药剂如毒死蜱、噻嗪酮、螺虫乙酯、杀扑磷等,或在虫害活动期喷施上述药剂。

（五）果蝇

1. 危害特征

果蝇成虫以酵母菌为食,并不危害蓝莓果实,但果蝇成虫产卵于蓝莓果皮下,幼虫孵化后在蓝莓果实内产生危害,受害处果面出现湿腐状凹陷,较正常果面颜色略深,暗淡无光泽。

2. 防治方法

（1）优化果园环境,及时清除蓝莓行间、根部周边杂草,及时采摘鲜果,清除落地果实,以减少果蝇的繁殖量。

（2）在蓝莓果实坐果后,开始悬挂加入果蝇诱捕剂的诱捕桶,对果蝇进行监测,监测到后,开始悬挂红色果蝇粘虫板,配合果蝇引诱剂,以降低田间虫量。一般每亩果园挂放果蝇诱捕瓶 10 ~ 20 只,每 7 ~ 10 天更换 1 次药液,以确保诱杀效果。

（六）鳞翅目啮叶害虫

主要包括刺蛾（图10-2）、卷叶蛾（图10-3）、美国白蛾（图10-4）等咀嚼式害虫。

1. 危害特征

低龄幼虫只食叶肉,残留叶脉,将叶片吃成网状,大龄幼虫可将叶片

图10-2　蓝莓刺蛾

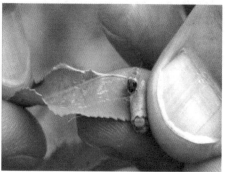

图10-3　蓝莓卷叶蛾

图10-4　美国白蛾

吃成缺刻,严重时仅留叶柄及主脉,发生量大时可将全枝甚至全树叶片吃光。刺蛾低龄幼虫有群集为害的特点,幼虫喜欢群集在叶片背面取食,被害寄主叶片往往出现白膜状。卷叶蛾幼虫会将叶片连缀,形成虫苞,在内取食叶片。白蛾初孵幼虫成群聚集吐丝结白色网幕,1~4龄群集在网幕内取食,仅食叶肉,留下叶脉。随着龄期的增大,网幕增大,4龄以后分散为害,5龄以后食量增加,6~7龄不仅食叶肉,也食叶脉,大量发生时,短时间便能将整株树木的叶片食光,仅留下叶柄。

2. 防治方法

(1)利用成虫的趋光性,羽化期在果园悬挂诱虫灯进行诱杀。

(2)人工摘除幼虫并及时摘除卵叶、幼虫叶和卵块;及时清除田间杂草;结合冬季修剪,摘除越冬虫茧。

(3)放养天敌,如刺蛾紫姬蜂、螳螂等。

(4)防治蛾类优先选用苦参碱和苏云金杆菌制剂,次选茚虫威、甲氨基阿维菌素苯甲酸盐、氯虫苯甲酰胺。

(5)果实生长期可喷施苏云金杆菌、绿僵菌等生物制剂进行防治。

七　钻蛀性害虫

主要包括蛀干天牛、木蠹、吉丁虫等害虫。

1. 危害特征

钻心虫钻蛀蓝莓枝干,破坏木质部结构,使水分及矿物质养分运输

受阻,最终导致受害枝条衰弱、枯萎、死亡。枯死叶片表面无病斑、叶片较为平展,在枯枝下常可见颗粒状虫粪。

2. 防治方法

(1)在树干和主枝上涂刷涂白剂(生石灰10%、硫黄3%、食盐5%、水82%,加少量动物油脂一起配制),以阻止成虫在其上产卵及越冬。

(2)人工捕杀天牛成虫,以减少产卵量,进而减轻天牛等钻蛀性害虫的危害。使用频振式太阳能杀虫灯诱杀成虫或使用性引诱剂诱杀木蠹成虫。

(3)用20%氯虫苯甲酰胺1 000倍液与细黄土配制成药泥堵塞天牛、木蠹蛀孔或在主干涂抹防止天牛、木蠹幼虫孵化;用脱脂棉球蘸药液(10%吡虫啉+25%灭幼脲3号或2.5%高效氯氰菊酯乳油液800倍)塞孔或用注射器将药液注入孔内,用黄泥封孔,堵塞天牛、木蠹孔穴,闷杀幼虫。

虫害的发现及防治相对病害较为简单,但由于许多害虫开始危害的时候正值蓝莓花期,杀虫剂的使用与传粉蜜蜂(大多数蓝莓种植园会在花期放蜂辅助授粉)可能会有冲突,在选择药剂的种类和使用的时期上要慎重。

▶ 第三节　蓝莓生理性病害的识别与防治

━ 叶片失绿症

1. 危害特征

本症是一种生理病害,由营养元素缺乏(如缺铁或缺镁)引起。主要症状是叶脉间失绿,叶缘及叶尖较严重。一般出现在生长旺盛的嫩梢先端嫩叶上,严重时叶片脉间几乎变成白色,失去绿色后很难恢复正常。此病春季很少发生,主要发生于夏季和秋季。

2. 防治方法

(1)降低土壤pH。为快速缓解症状,可以叶面喷施硫酸亚铁和硫酸镁,也可结合土壤施肥时一起施用。喷施铁和镁的螯合剂则效果更好。

(2)选择优良抗病品种。选用无病虫的健康种苗,大力推广脱毒组培苗,加强检疫,防止植株带病。

(3)进行科学肥水管理,培养健壮树势,增强抗逆性。发现病株及时清除出园集中处理。

(4)可用70%代森锰锌可湿性粉剂每亩200克对水75千克喷雾,或30%吡唑醚菌酯800～1 000倍液进行防治。

二 草害

1. 危害特征

蓝莓园的杂草种类多,生长速度快,生物量大,滋生病虫害,与蓝莓争夺水、肥及空间,甚至缠绕于蓝莓植株上与其争夺阳光。杂草的发生严重影响蓝莓的产量和品质。

2. 防治方法

(1)定植后3年内,行内清耕,每年清耕2～3次,覆盖松针、杂草或地膜等;3年以上果园采用行间生草,间种低矮的豆科绿肥,割后翻入土中或覆盖于行内。

(2)加工种植区提倡全园覆盖反光膜,选用聚乙烯增光反光膜,正面银灰色,背面黑色,透光率低于20%,宽1.5米,厚度至少0.02毫米(2丝)。

(3)蓝莓园下种植白三叶草,为天敌昆虫提供栖息和繁衍后代场所,并可覆盖其他杂草,抑制草害。

三 鸟害

1. 危害特征

蓝莓成熟时,果实蓝紫色,是许多鸟类偏爱的食物。蓝莓果实被鸟啄食后,一部分被直接吃掉,另一部分则伤痕累累,残果遍地,失去商品价值,还会引发金龟子、果蝇等害虫进一步为害。同时,在被啄的伤口处病菌大量繁殖,并扩散侵染健康叶片和果实。对蓝莓有害的鸟类主要是喜鹊、灰喜鹊、红嘴(长尾)蓝喜鹊、麻雀等。

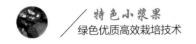

2. 防治方法

(1)设置防护网：对于小型蓝莓园，用防护网(铁丝网、纱网等，网孔应钻不进小鸟)覆盖蓝莓园。同时，防护网还可以用来防雹。采后可以拆除防护网。

(2)设置电子发声器，定时发出鸟临死前的惨叫声，可吓跑鸟群。或者使用炮鸣声轰赶鸟群。声音设施应放置在果园的周边和鸟类的入口处，以利用风向和回声增大设施声音。

(3)制作天敌模型，在园中放置假人、假鹰，可短期内防止害鸟入侵。

第十一章 树莓生产概况

第一节 树莓简介

树莓又名覆盆子、山莓果、悬钩子、马林果、托盘、木莓等,属于蔷薇科悬钩子属多刺灌木,多年生,果实营养丰富,富含维生素、超氧化物歧化酶(SOD)、花青素、鞣花酸等多种营养成分,对人体具有特殊保健功效,在食品、化妆品、医药等方面应用广泛。联合国粮农组织定其为"第三代水果",欧洲称其为"生命之果",是发达国家人们生活中不可缺少的食品,占据世界水果市场的高端。

图 11-1　树莓

一 形态学特性

树莓是介于灌木与半灌木之间的灌木性植物，与灌木不同的是没有二年生以上的地上枝，与半灌木不同的是它的一年生枝可以越冬，第二年结果后才衰亡，而半灌木的大部分枝在当年便死亡，只留下很短的部分。树莓地上部分由一年生枝、二年生枝、茎、叶、芽、花序和果实组成，地下部分则由根状茎（由许多历年发出的枝条基部构成）和侧生不定根组成。

1. 根

树莓根系为多年生不定根系，除了起支持、固着、吸收、合成、贮藏与输导等一般功能，还是无性繁殖的主要器官。树莓根系以纤维形网状根生长在土壤上层。土壤上层 0～25 厘米的剖面层上，根量约占根总量的70%，在 25 厘米以下的土壤层中，根量只占根总量的30%，少数根径大于6 毫米的根偶尔也能扎入土层 90～180 厘米的深处。根系的水平伸展范围不广，在植株周围 30～50 厘米范围根系密度最大，50 厘米以外，根系逐渐稀少。

2. 茎

树莓的茎分为地上茎与地下茎两部分，地下茎是树茎的主干。茎在地上部分的干型因品种不同而有差异，有直立型、半直立型和匍匐型等。干皮和成熟枝颜色一般为灰褐色或紫褐色，嫩枝多为绿色。干、枝及叶柄有具刺和无刺两种类型。

3. 叶

树莓叶片通常为扁平状，互生，形成较大的光合和蒸腾面积，多为单数羽状或三出羽状复叶，顶端渐尖，基部心型，叶缘为锯齿状，叶柄长 5～10 厘米，带有小皮刺，叶片长 7～13 厘米，宽 8～15 厘米。一个一年生枝上能形成 40～50 枚叶片，叶面绿色，叶背灰白色，带有白色茸毛。

树莓枝条不同，叶片大小和生长寿命也不同。挂果枝条上叶片较小，夏季果实采摘结束，叶片从枝条底部逐渐向上变黄枯死，寿命约 90天。着生在当年萌发的基生枝上的叶片则较大，从春季开始展叶，生长密集,底部叶片脱落早,中上部叶片可以生长到霜冻来临。

4. 花

树莓的花序是有限花序,但由于形状为圆锥形,又称为圆锥状花序。树莓的花为两性花,属完全花。花有花梗、花托、花萼、花瓣、雄蕊(花丝、花药、花粉)、雌蕊(柱头、花柱、子房、胚珠)。花萼5枚,萼片与基部连接,花瓣5片,与萼片生成辐射状。花瓣前端钝圆形或微尖,白色或浅紫红色。花瓣的色泽和形状也因品种类型而有差别。

5. 果实

树莓的果实是由一簇多层成熟的小核果形成的聚合果,这种聚合果是由同一朵花发育而成的,小核果相互紧贴形成一个完整的果实。果实成熟时从花托上分离,成为中间空心的果。每个果实由70~120个成熟的小核果组成。而黑莓的小核果紧贴在花托上,成为实心果,果心肉质可食。聚合果的形状和大小因品种不同而差异较大,大的10~25克,小的5~8克。果形有圆形、扁圆形、圆锥形、圆柱形等。果色有红色、黑色、紫红色、黄色、黄红色等。在温度和空气湿度适宜的条件下,成熟的果实光泽鲜艳,芳香浓郁。小核果果肉多汁,故又称浆果形聚合果。

图11-2 果实

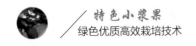
二 生态学特性

1. 温度

树莓生长最适温度根据不同品种、不同生长时期和不同发育性质而有所不同。在休眠期,红树莓陆地休眠需要4.4℃的平均低温,经800~1 600小时后才能得到充分休眠。黑莓需要300~600小时,平均6~7℃的低温休眠,如果在休眠期出现温度过低或波动性温度,植株就很难得到充分休眠。在萌芽期,休眠后的树莓在7.2℃时芽便开始萌发,适温为18~22℃;现蕾开花的适宜温度为20~25℃;枝叶生长的最适温度为12~25℃;总体而言,树莓生长发育的适宜温度范围为10~25℃,可耐受的温度最高为28~30℃,最低为-25℃,部分耐寒品种如"丰满红"红树莓可耐-45℃低温。

冬季温度忽高忽低可使树莓发生严重冻害,夏果型树莓在雨雪地区越冬时必须采取防冻措施。北方山地种植树莓应选择半阳坡,以尽量减少冬季阳光直接照射所引起的温度波动,减轻冻害,同时还要采用有效的防寒措施。高温也容易对树莓造成危害,夏季气温连续超过28℃,则植株因蒸腾量加大,生长明显被抑制,甚至出现萎蔫、日灼或者枯死现象,果实出现伤害。

2. 光照

光是植物的能源,树莓是喜光植物。树莓园的光照若是充足,则植株生长茁壮、枝繁叶茂、茎秆粗壮,且挂果多、产量高、品质好。当增加光照时,产量明显增加。树莓种植地每日要有6~9小时的日照时间才能基本满足树莓光照的需求。

3. 水分

树莓喜水,对水分状况比较敏感,既不抗旱也不耐涝。树莓果实成熟期,每周需要灌溉60毫米左右深的水。树莓栽培区域,适宜的年降水量在500~1 000毫米,分布要均匀。年降水量低于500毫米的地区,在干旱季节必须要灌溉,否则树莓生长不良,导致减产。年降水量超过1 000毫米的地区,必须拥有方便的排水措施,且栽植不宜过密,要适当稀植,有利于通风透光。降水多,湿度大,果实容易发生果腐病或其他病害,导致落果而减产。湿度过小,果实水分则较少。

4. 风

树莓特别是紫树莓和黑莓,对风特别敏感,风力大会造成树莓断茎,解决风害最根本的办法就是搭架将茎捆扎起来。

5. 土壤

树莓要求土层较厚、质地疏松且具有较丰富的有机质,保水保肥。pH在6.5~7,有利于根系更好吸收矿物质营养元素,同时具备良好的灌溉条件,以便在各生育期稳定提供所需要的水分。树莓在土壤黏粒大于30%的土壤中生长较困难,因为黏土耕作层底部或栽植坑壁及坑底土层坚硬,渗透性小。灌溉保湿条件好的沙土地也能够种植部分树莓品种。

三 树莓的营养价值

树莓果实酸甜可口,营养价值高,富含维生素C、维生素E、超氧化物歧化酶(SOD)、酚类等物质,可直接鲜食。此外,一些好的品种可用来加工制作各种食品,如果汁、果酱、果酒、果冻、罐头、蜜饯、清凉饮料,还可以加工成树莓冰淇淋、树莓酸奶、树莓糕点、糖果、饼干、夹心巧克力等多种食品及食品添加剂、天然香料、食用色素等。

树莓也是重要的药用植物,根、茎、叶和果实均可入药,具有特殊的医疗保健作用。根浸酒可作为舒筋活血、消炎退肿的药剂。茎叶煎水可洗痔疮。树莓叶中黄酮含量要远高于树莓果和树莓籽,用树莓叶制成的茶,在西方是常见的用于治疗孕妇恶心呕吐、预防流产、缩短产程、减轻产痛的一种草药。树莓果实中富含花青素和鞣花酸,在癌细胞模型或细胞炎症模型研究中具有有效作用。

此外,树莓树体虽小,但分蘖能力很强,在多种地形上均可种植,是退耕还林、恢复植被、改善生态环境的首选树种,大面积种植可快速治理荒山荒地,绿化美化水土流失区域,也可在庭院种植或作绿篱种植,是集生态效益、经济效益于一身的小灌木果树。在山区或林区发展,配套相应栽培技术和水肥保护措施,在增加林农收入的同时,也在水土保持、林

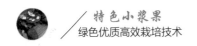

业生态环境建设、生态保护等方面发挥着重要的作用。

树莓综合开发利用途径多,树莓籽油富含维生素 E、磷脂,具有抗氧化、抗炎、防晒、滋润的功能,可以在牙膏、洗发水、口红等化妆品中应用。日本已开发出覆盆子酮葡萄糖苷,能溶解人体脂肪,是当前国际上最安全有效的减肥产品。树莓拥有丰富的 SOD 源,可从中提取制成纯酶,应用于化妆品行业。

▶ 第二节　树莓的起源与分布

一 树莓的起源与传播

树莓的人工栽培源于欧洲,在 4 世纪由罗马人栽培,16 世纪逐渐形成产业,至今已有数百年历史。目前,我国栽培的树莓品种基本上是引自于国外。

20 世纪初,俄罗斯华侨将树莓品种带入中国,在黑龙江省尚志市石头河子、一面坡一带栽培,主栽品种为欧洲"无刺红"。后来我国从美国、日本、波兰等国引进一批树莓、黑莓优良品种,开展小规模试种和育苗实验。1999 年,中国林科院从美国引进 53 个优良树莓、黑莓品种,陆续在全国各地适生区开展栽培研究。进入 21 世纪,树莓栽培呈区域化、规模化发展,以国外引进的新品种为基础,主要在北京、山东、黑龙江、辽宁、江苏、江西等省区的大城市周边适生地区,进行大面积引种和推广树莓优良品种,我国树莓产业由此得到迅猛发展。

二 树莓的分布

树莓在全世界分布广泛,各大洲均有它的代表,但绝大部分种类主要分布于北半球温带,即北美洲、亚洲和欧洲,少数种类分布于亚热带、热带和南半球。根据植物学家陆玲娣的统计,全球树莓约 750 种,北美洲种数居首位,470 种以上,占树莓总种数的 63%;亚洲尤以东亚最多,南亚和东南亚次之,西亚最稀少;欧洲的树莓约75种,居第三位。此外,非洲、大洋洲及太平洋岛屿的种数较稀少。

在亚洲,我国的种数占亚洲总种数的97%。据统计,我国除甘肃、青海、新疆、西藏外的省份均有种植。我国野生树莓资源十分丰富,大约有210种,南北各地均有分布。华东野生树莓资源共有85种(含变种),以江西省的树莓资源最多,达61种;其次为福建省,有52种;浙江省分布有42种,安徽省分布有27种,江苏省分布有13种,上海市分布有6种。其中,山莓、掌叶覆盆子、蓬蘽、高粱泡、茅莓、三花悬钩子为华东地区共有的种类。

北京及周边地区是我国树莓新品种引进和栽种面积较多的地区。从2003年开始,东北已将树莓列入重点扶持项目,引进了许多新品种,如"托拉蜜""海尔特兹""维拉米"等,进行规模化种植。我国近20个省市和地区都有树莓栽培种植,而且发展势头迅猛。江苏、山东成为中国黑莓两大主产地,辽宁、黑龙江成为中国树莓两大主产地。

▶ 第三节 我国树莓产区划分

根据地理、气候、土壤及引进品种的特点,我国树莓种植区可被划分为5个主要栽培区:东北、西北红树莓栽培区,华北地区红树莓及黑莓栽培区,黄河中下游及淮河红树莓、黑莓栽培区,长江中下游及江南黑莓栽培区,西南山区黑莓栽培区。

根据产业布局,我国树莓可划分为4个产业带:一是以北京为中心的环渤海产业带,二是以长白山及鸭绿江、松花江为中心的"二江一山"产业带,三是以秦岭为中心的中部产业带,四是以南疆为中心的西部产业带。也可划分为六个产业群:以北京为中心的环渤海树莓产业群,以辽宁省沈阳市为中心的沈阳树莓产业群,以黑龙江省尚志市为中心的哈尔滨树莓产业群,以江苏省南京市白马镇为中心的沿江黑莓产业群,以江苏省连云港市赣榆为中心的沿海黑莓产业群,以山东省临沂市为中心的中部黑莓产业群。

第十二章　树莓品种分类

第一节　树莓属植物分类

树莓属学名 *Rubus*，最早出现在 1700 年出版的法国植物学家 Joseph Pitton de Tournefort 的名著 *Institutiones rei herbariae* 中，来源于拉丁词"*Ruber*"，意为"红色"，指该属很多果实成熟时为红色。瑞典植物学家林奈于 1737 年建立了树莓属，其模式种为欧洲木莓 *Rubus caesius*，至 1753 年共发表了 10 种。我国树莓研究专家王小蓉在《中国树莓属植物种质资源研究》一书中总结了自该属建立以来各国植物学家相继对该属下的等级划分进行的较为深入的研究（表 12-1），但其分类方法均未被采用。如 Focke 在专著 *Species Roburum* 中，把属下等级分为 *Anoplobatus*、*Chamaebatus*、*Chamaemorus*、*Comaropsis*、*Cyclactis*、*Dalibardastrum*、*Eubatus*（*Rubus*）、*Idaeobatus*、*Lampobatus*、*Malachobatus*、*Micranthobatus* 和 *Orobatus* 12 个亚属（Subgenus），亚属内等级划分为组（Section），组内则划分为亚组（Subsection）或系（Series）（表 12-2）。Bailey 在他的巨著 *The genus Rubus in North America* 中，基本上同意 Focke 对属内类群划分为亚属的处理。Focke 将树莓属下等级分为 12 个亚属的处理方法被欧美等地普遍沿用至今，Focke 对该属植物进行系统排列后认为草本为原始类群，木本类群更为进化。

表12-1　不同分类学者对于树莓属植物的系统分类简介

分类学家	分类处理	年份
Rafinesque	划分为7属：*Ametron*、*Ampomele*、*Cumbata*、*Cylactis*、*Dyctisperma*、*Manteia*、*Selnorition*	1838年
Rydberg	划分为2属：*Rubacer*、*Oreobatus*	1903年
	划分为4属：*Dalibarda*、*Rubacer*、*Oreobatus*、*Rubus*	1913年
Greene	划分为6属：*Batidaea*、*Cardiobatus*、*Comarobatia*、*Melanobatus*、*Parmena*、*Psychrobatia*	1906年
Focke	划分为11组：*Chamaebatus*、*Chamaemorus*、*Coptidopsis*、*Cylactis*、*Eubatus*、*Batothamnus*、*Malachobatus*、*Idaeobatus*、*Anoplobatus*、*Comaropsis*、*Dalibarda*	1874年
	划分为11组：*Dalibarda*、*Chamaemorus*、*Cylactis*、*Eubatus*、*Anoplobatus*、*Batothamnus*、*Malachobatus*、*Idaeobatus*、*Microanthobatus*、*Orobatus*，修订了组的范畴和名称	1894年
	设12个亚属：Subg.*Chamaemorus*、Subg.*Dalibarda*、Subg.*Chamaebatus*、Subg.*Comaropsis*、Subg.*Cylactis*、Subg.*Orobatus*、Subg.*Dalioardastrum*、Subg.*Malachobatus*、Subg.*Anoplobatus*、Subg.*Idaeobatus*、Subg.*Lampobatus*、Subg.*Eubatus*；亚属下继续分组 Section 和系 Series	1910—1914年

表12-2　*Species Ruborum*树莓属属下分类情况

亚属	组/亚组或系	种数	分布
Subg. *Chamaemorus*（Hill）Focke	—	1	东亚、北美洲、欧洲
Subg. *Dalibarda*（L.）Focke		5	亚洲、欧洲
Subg. *Chamaebatus*（Focke）Focke		6	东亚、北美洲
Subg. *Comaropsis*（Rich.）Focke		2	中、南美洲
Subg. *Cylactis*（Raf.）Focke	4 Series	18	亚洲、北美洲、欧洲
Subg. *Orobatus*（L.）Focke		19	中、南美洲
Subg. *Dalibardastrum* Focke		15	亚洲
Subg.*Malachobatus*（Focke）Focke	7 Sections 7 Series	114	主产亚洲、非洲和大洋洲少数
Subg. *Anoplobatus*（Focke）Focke		9	东亚、北美洲、欧洲
Subg. *Idaeobatus*（Focke）Focke	10 Sections 7 Series	125	主产亚洲、北美洲、非洲和大洋洲少数
Subg. *Lampobatus* Focke		10	亚洲、中南美洲、非洲
Subg.*Rubus*（=*Eubatus* Focke）	6 Sections 6 Subsections	444	主产北美洲，其次欧洲

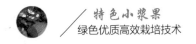
第二节 树莓属植物栽培种群分类

王小蓉在《中国树莓属植物种质资源研究》一书中指出,曲泽洲等专家将用于园艺栽培生产的树莓类果树分为三大种群,即树莓种群(raspberry)、黑刺莓种群(blackberry,中文常称为"黑莓")和露莓种群(dewberry)。通常所说的"树莓"包括以上三大种群及其育成的品种。

书中指出,树莓种群果实成熟时与花托分离,种质主要分布于美国北部等温带地区。其根系浅,耐旱、耐湿性差,但冬季耐寒性较强。根据成熟时果实颜色,树莓种群又可细分为红树莓(red raspberry)、黄树莓(yellow raspberry)、黑树莓(black raspberry)和紫树莓(purple raspberry)4种类型。其中,紫树莓为美国红树莓和黑树莓的杂交种。根据结果习性不同,树莓种群又可分为夏果型树莓和秋果型树莓,大多数秋果型树莓为红树莓和黄树莓。夏果型树莓当年生枝不结果,仅进行营养生长,翌年转变为结果枝开花结果。在结果后,该结果枝枯死,由该年新生长的枝条进行更新。秋果型树莓当年生枝条前端部分即可形成花芽,秋季开花结果,随着温度的降低停止生长,枝条的该节段枯死,而剩余节段可以存活并在翌年恢复生长,夏季开花结果。

黑莓种群成熟时果实不与花托分离,颜色主要为黑色,也有深红色或白色,花托可食,其种质来源于暖温带到亚热带气候区,对高温高湿环境适应能力较强。按特性及形态不同黑莓又可分为直立型、半直立型和匍匐型3种类型。从以上分类可以看出,黑树莓是树莓种群的一个类型,不等同于黑莓。目前,树莓和黑莓这两个种群利用最广泛。

露莓种群又称匍匐莓,原产美国,是攀缘性黑莓,果实黑色,比黑莓果大,很有发展潜力。

书中还指出,从栽培种分类和植物学系统分类比较,树莓种群多属于空心莓组和空心莓亚属,其典型的栽培种是欧洲红树莓R.*idaeus* L.、黑树莓R.*occidentalis* L.和黄树莓R.*xanthocarpusBureau* et Franch.,其中欧洲红树莓的一个变种美国红树莓R.*idaeus* var. *strigosus* Maxim在美国栽培利用较广;而黑莓和露莓种群多属于实心莓亚属和悬钩子组,前者典型的栽培利用种是美洲黑莓R.*allegheniensis* Porter.,后者典型的栽培利用种是北方露莓R.*flagellaris* Willd。据报道,我国没有可用于黑莓育种的优良野生资源,但树莓种群果实香气的诱人和浓郁程度为黑莓所不及。

▶ 第三节 树莓优良品种简介

一 国外引进品种

1. 海尔特兹(Heritage)

由辽宁省果树科学研究所2003年从中国林业科学院引进,原产于美国,双季型树莓,成苗株高1.5～1.8米,茎直立,生长势强,栽培当年即开花结果,一年能结果2次,分夏、秋二季结果。夏果:头一年发出的枝条第二年结果,东北地区7月份果熟;秋果:当年发出的枝条在9月果熟。在北方,果期可持续到下霜;在南方,果期更长,产量更高。果实呈短圆锥形,平均单果重为3.8克,浆果红色,色泽鲜亮,果肉质地柔软,可溶性固形物为13.5%。硬度大,耐储运,由于植株向上,直立性强,易于采收。适合南北方大面积规模种植,品质好,稳产,果实质量优良。鲜果除鲜食外。

2. 秋福(Au-tumnBliss)

原产于英国,为英国东茂林试验站选育的夏秋二季果的树莓品种,沈阳农业大学于2000年引进。成苗株高1.5～2米,绿叶白花,果实鲜红色,圆锥形,果形较大,平均单果重为3.8克,最大单果重为7.5克,是目前树莓品种中果个较大的品种,并且果实硬度大,耐储运,适于鲜食和加工。能在一年中连续2次开花结果,第一次果熟(二年生枝条)在6月下旬至7月上旬,第二次果熟(当年发出的枝条)在8月中下旬左右(白山地区),两次采果时间长达2个多月。植株适应性强,对土壤、气候等自然条件要求不严,在同等地力、同样管理条件下,比同类品种生长旺盛、直立

性强,且抗严寒、耐高温,各地均可栽植,是最具有发展前景的品种。

3. 红宝玉

由吉林农业大学小浆果研究所从美国、波兰引进的多个品种中筛选繁育出的优良品种,已通过吉林省农作物品种委员会审定,属于中早熟红树莓。果实鲜红色,含糖量高,风味浓,香味厚,果个均匀,平均单果重为2.9克,亩产达1 700千克。可溶性固形物含量为9.4%,稍酸,加工品香味浓,品质好,坐果率高。植株长势强壮,抗寒,抗病虫害。

以棚架矮化栽培,株距为80～120厘米,三角形定植,行距为200～250厘米。每亩栽植株数为500～600株,进入结果期,每亩结果株数为1 800～2 000株。春季和秋季皆可栽植,但春季栽植比秋季栽植的成活率高,春季在3月上旬,秋季在10月上旬前后。

4. 红宝珠

1985年吉林农业大学从美国引入一批树莓品种,在吉林省不同地区经过多年实验研究,从中筛选出丰产性和稳产性好且晚熟的树莓新品种,2005年1月通过吉林省农作物品种审定委员会审定并定名为"红宝珠"。该品种枝条直立性强,丛生灌木,高2米左右,长势强。根蘖发生能力极强,茎上少刺或无刺。二年生枝条为深棕色,其上抽生结果枝。小叶呈卵圆形或长卵圆形,叶背面灰白色。聚伞花序着生在结果枝的叶腋处,结果的二年生枝条于当年秋季死亡。果实成熟时为红色至深红色,呈圆球形,果个中大,平均单果重为2.5克,可溶性固形物含量为10%,可溶性糖含量为7%,有机酸含量为2%,出汁率为72%,果香味浓,品质佳。结果能力强,平均花芽率为50%,每结果枝可着生13～17个果实,自然坐果率接近100%。

在长春地区4月下旬萌芽,7月中旬果实开始成熟。定植第二年开始结果,盛果期产量可达10 250千克/公顷。适宜我国黑龙江、吉林、辽宁、内蒙古、河北等地区栽培。选择土壤为微酸性或近中性、疏松肥沃的地块建园。通过夏剪和春剪,每丛选留8～13个健壮枝。8～9月剪除结过果的二年生枝条。篱架栽培,并于春季将枝条均匀绑缚在横拉线上。分期采摘。长春地区10月中旬以后埋土防寒,厚度以枝蔓不露出土即可,4

月中下旬撤去防寒土。采用根蘖或组培技术繁殖苗木,注意防治白粉病和叶螨。

5. 红宝达

1985年吉林农业大学从美国引入一批树莓品种,在吉林省不同地区经过多年实验研究,从中筛选出丰产性和稳产性好且早熟的树莓新品种,2005年1月通过吉林省农作物品种审定委员会审定并定名为"红宝达"。丛生灌木,较直立,灌丛高2米左右。长势中庸,枝条粗壮。小叶呈卵圆形或阔卵圆形,一、二年生枝条上分布较少的红褐色针状短刺。二年生枝条呈深棕色,枝上抽生结果枝。聚伞花序,同一花序果实陆续成熟,结果后的二年生枝条于当年秋季死亡。成熟果实为红色至深红色,呈圆锥形或短圆锥形。果实大,平均单果重为3.0克。可溶性固形物含量为10%,可溶性糖含量为7.7%,有机酸含量为2.2%,出汁率为75%。果汁红色,果香味浓。

在长春地区4月下旬萌芽,6月初第一朵花开放,6月末果实开始成熟,10月中旬落叶。发生根蘖能力中等,结果能力强,平均花芽率为60%。每结果枝着生11~20个果实。自然坐果率接近100%。定植后第三年结果,第五年进入盛果期,产量为10 100千克/公顷。适宜我国北方地区栽培。选择土壤为微酸性或近中性且疏松肥沃的地块建园。栽培技术要点与"红宝珠"类似。

6. 托拉米(Tulameen)

该品种是加拿大主栽品种,由辽宁果树科学研究所引进。果实亮红色,长圆锥形,成熟时果实与花托分离呈帽状空心果,果型端正。平均单果重为4.5克,最大单果重为6.8克,果汁多,可溶性固形物含量为10.3%,风味酸甜,芳香味浓,适宜鲜食和加工。抗茎腐病,对灰霉病稍敏感,抗寒力强。适合在河北、山东、陕西、山西、天津、安徽、江苏等地种植。

栽植第二年开始结果,第三年进入丰产期,平均亩产为1 105千克。在辽宁省营口市熊岳地区萌芽期为4月中旬,初花期为5月下旬,果实始熟期为6月下旬,采摘期为6月底至8月中上旬,采摘持续时间在45天以上。

7. 费尔杜德（Fertod Zamatos）

该品种是匈牙利主要栽培的红树莓优良品种，于2002年3月由黑龙江省经济作物技术指导站从匈牙利引入我国，并在黑龙江的哈尔滨市和尚志市试栽。为夏果型红树莓，植株生长势强，直立，株丛高为1.8～2.2米，叶背灰绿色，枝条和叶柄有软刺，成熟枝条呈深棕色，其上着生当年抽生的结果枝。单季品种，自花结实率高，坐果率高，可单一栽培。果实呈圆形，鲜果为红色，酸甜可口，具有浓郁的草莓芳香味。平均单果重为4.14克，最大单果重为5.7克，平均总糖含量为12.9%，可滴定酸含量为1.21%。同株果实成熟期不一致，成熟期相差30天左右。

在黑龙江省哈尔滨市，4月中旬萌芽，5月上中旬开花，花期持续8～15天，6月末果实开始着色，7月上旬果实开始成熟，采收可持续到8月上中旬，10月中旬前后落叶。该品种对土壤要求不严格，抗旱、耐瘠薄，适应性广，较抗寒、抗白粉病。适宜在黑龙江省的哈尔滨、牡丹江、绥化、佳木斯、七台河等地区栽培。

8. 米克（Meeker）

该品种是美国华盛顿地区的主栽品种，茎干自然张开，自花授粉。果实呈圆锥形，成熟时呈亮红色，平均单果重为3.5克，风味佳，鲜食、加工皆宜。耐瘠薄，越冬性表现好，适宜在我国东北、华北地区种植。

9. 维兰米特（Willamette）

为辽宁省果树科学研究所于2003年从中国林业科学院引进的美国选育的夏果型红树莓品种。该品种果实呈圆锥形，红色。平均单果重为4.1克，最大单果重为5.6克。6月下旬果实开始成熟，果实发育期为28天左右，采摘期持续近1个月。抗茎腐病能力及适应性强，可在辽宁省树莓种植区栽培。

10. 红宝

由中国农业科学院郑州果树研究所引进的美国品系，生长势较强，植株粗壮直立，分枝能力稍弱，生长健壮。果实为聚合果，呈圆锥形，成熟时花托与果实自然分离形成空心。平均单果重为3.2克，最大单果重为4克。果实成熟后呈红色或深红色，外观美丽，果肉柔软多汁，味道香甜可口。果实黏核,种粒极小,可食率为97.4%,出汁率为93.4%。开始结果早,丰产,稳产,大小年、生理落果现象不明显。适宜在河南省中北部推广应用,果实在6月上旬至7月中旬成熟。

宜选择立地条件较好、阳光充足、地势平缓、土层深厚疏松、土壤有机质含量较高、水源充足的地块建园栽培。土壤pH以6~7为宜。苗木栽植以南北走向为好,带宽为0.9~1.0米,株距为0.7~0.9米,行距为2.0~2.5米,每亩定植300~475株。建园时可适当配植授粉品种,如"诺娃"等。可采用疏剪法和混合结果整形修剪法进行修剪,最好采用"V"形棚架。"V"形棚架适合轮茬结果整形和混合结果整形两种修剪方式,可把初生茎置于"V"形架的中心,以便于管理和采收;或将初生茎和花茎各绑缚在"V"形架的一侧,以使生长和结果互不干涉。

11. 香妃

由中国农业科学院郑州果树研究所引进的美国新品系,2010年通过河南省林木品种认定。生长势较强,植株直立,萌芽力强,分枝能力强,生长健壮。果实为聚合果,呈圆锥形,成熟时花托与果实自然分离形成果实空心。果实中大,成熟果实呈深红色,具光泽。果肉为玫红色,风味酸甜可口,果香味特浓,果肉柔软多汁;黏核,种粒极小;单果重2.5克,果实可食率为97%,出汁率为94.27%,鲜食口感极佳。本品系具早实性,大小年、生理落果现象不明显,为极丰产品种。在河南省新乡地区,"香妃"树莓的果实在7月中旬至8月底成熟。

12. 美国22号

沈阳农业大学1983年从美国引入,是优良的大果型加工鲜食兼用型红树莓品种。该品种枝茎粗壮,直立性强,篱架栽培不易倒伏弯曲。叶片为复叶,小叶3~5枚。花两性,较大。果实为聚合果,圆锥形,深红至暗红色,最大果重可达8克。浆果汁液多,可溶性固形物含量为7%,非常适宜加工制汁、制酱,也适宜鲜食,风味独特。

早果丰产性强,坐果率高达100%,抗病抗寒性强。定植第二年即可结果,第三年进入盛果期,此后丰产稳产期长达15~20年,亩产一般在1 000千克。在沈阳地区,果实7月上旬成熟,采收期持续20~25天。

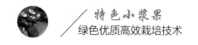

13. 皖黑树莓 1 号

安徽省林业科学研究院和安徽农业大学从中国林业科学研究院引进的美国品种"撒尼黑"。该品种为直立型灌木,地上部分由一年生的基生枝和二年生的结果枝组成,枝条和叶背面有刺,叶色深绿。果实为聚合果,长椭圆形,成熟后呈紫黑色,平均单果重为 7 克,最大单果重为 10 克。年均株产鲜果 1.5 ~ 3.0 千克,折合亩产鲜果 444.0 ~ 888.0 千克,具有较高的丰产性。3 月下旬为萌芽期,5 月上旬为盛花期,6 月初至下旬为果实成熟期,6 月中旬至下旬为集中成熟期。抗寒和抗旱性强,病虫害少,适宜在安徽江淮丘陵地区种植。

14. 皖黑树莓 2 号

安徽省林业科学研究院和安徽农业大学从中国林业科学研究院引进的美国品种"延 KI"。该品种为半直立型灌木,枝和叶背面有刺。果实呈长椭圆形,成熟后为紫色,平均单果重为 7.25 克,最大单果重为 16 克,属于大果型树莓。年均株产鲜果 2.5 ~ 4.0 千克,折合亩产鲜果 740 ~ 1 184 千克,丰产性高。可溶性糖含量为 8.07%,总酸含量为 1.8%。3 月下旬为萌芽期;5 月上旬为盛花期;6 月初至下旬为果实成熟期,6 月中旬至下旬为集中成熟期。其生长势、单株结实量、果实品味、抗逆性等特性表现良好,同时兼具抗寒性强、病虫害少等优良性状,且适宜加工。

15. 皖黑树莓 3 号

安徽省林业科学研究院和安徽农业大学从中国林业科学研究院引进的美国品种"无刺黑"。该品种为直立型灌木,枝上无刺,叶背面有刺。果实为聚合果,成熟后为紫红,色椭圆形,平均单果重为 6.36 克,最大单果重为 9 克,可溶性糖含量为 8.21%,总酸为 1.75%。年均株产鲜果 1.0 ~ 2.0 千克,折合亩产鲜果 296 ~ 592 千克,丰产性高。3 月下旬为萌芽期;5 月上旬为盛花期;5 月下旬至 6 月中旬为果实成熟期,5 月下旬至 6 月初为集中成熟期。其生长势、单株结实量、果实品味、抗逆性等特性表现良好,同时兼具结实较早、抗寒性强、病虫害少等优良性状,且适宜鲜食、加工。适合在安徽江淮丘陵地区种植。

16. 皖黑树莓4号

安徽省林业科学研究院和安徽农业大学从中国林业科学研究院引进的美国品种"顺K2"。该品种为匍匐型灌木,枝上和叶背面有刺,色深绿,泛紫红。果实呈椭圆形,质地硬,平均单果重为7.2克,最大单果重为18克,可溶性总糖含量为7.60%,总酸含量为2.11%。年均株产鲜果1.5~3.2千克,折合亩产鲜果444.0~947.2千克,丰产性高。3月下旬为萌芽期,4月下旬为盛花期,5月下旬至6月上旬为果实成熟期,5月下旬至6月初为集中成熟期。其生长势、单株结实量、果实品味、抗逆性等特性表现良好,同时兼具结实较早、抗寒性强、病虫害少等优良性状,且适宜鲜食、加工。适合在安徽江淮丘陵地区种植。

二 自主选育品种

1. 丰满红

由中国农业科学院特产所与吉林市农业农村局从长白山野生资源中选育的极优良树莓新品种,已通过吉林省农作物品种委员会审定。秋果型红树莓,果实为聚合果,圆球形,平均单果重为6.9克,最大单果重为16.3克。果实成熟为鲜红色,亮丽透明,酸甜适口,可溶性固形物含量为12.8%,适于鲜食,加工和速冻。抗高寒、极抗旱耐瘠薄,可抗−51~−45℃低温,且少有病虫害,适合栽种在东北地区。在农业部"科技入户工程"的品种推荐中,"丰满红"在所有的树莓品种中列第一位。

2. 仙女红

由重庆市林果研究所从野生资源插田泡种质中选育的优良新品种,平均单果重为6.8克,可溶性固形物含量为12.6%,适合鲜食。丰产性好,适应性广,抗病能力极强。

3. 安文公主

由浙江省农业科学院园艺所和磐安县农业农村局从野生树莓群体中选育的早熟优良新品种。长势旺,分蘖能力极强,枝直立。果实长圆形,大果,平均单果重为10克,可溶性固形物含量为14%,酸甜,有清香,风味佳。果实红色,略带果毛,适合在浙江一带种植。

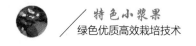
4. 骤山仙子

由磐安县农业农村局从野生树莓中选育的早熟树莓。该品种植株直立,在管理水平较高的条件下,未经摘芯的主杆高度可在3米以上,根茎部粗度直径在3.9厘米以上,树冠开展度在2.6米以上;自然繁殖以根蘖为主,分枝能力强,摘芯后一级侧枝可达20条以上,在一级侧枝上可有二级侧枝;单株枝条总长可达48米以上,单株挂果数可达830个以上,单株产量可达5.9千克以上;一般浙中地区3月20日左右开花(因年份不同有所差异),4月底始熟,果形较大,大小匀称,平均单果重为7.1克,最大单果重为8.9克,适合在浙江一带种植。

5. 绥莓1号

由黑龙江省农业科学院从小兴安岭伊春区野生树莓中选育的优良品种。生长势旺盛,枝条柔软下垂,当年枝结果,果实于7月下旬至9月下旬陆续成熟。果实橘红色,形状近圆形,平均单果重为6.25克,最大单果重为8.5克,可溶性固形物含量为4.2%,可溶性糖含量为1.88%,可滴定酸含量为0.7%。抗寒力强,在黑龙江省伊春市以南地区冬季不需埋土防寒即可安全越冬,翌年正常萌芽并开花结果。适合在黑龙江伊春市以南地区栽培。

6. 秋萍

由沈阳农业大学2004年杂交、2005年初选并繁殖、2006年定植于田间的树莓新品种。2010年通过辽宁省非主要农作物品种备案办公室备案并定名,为双季红树莓。植株生长健壮,直立性好。果实呈圆锥形,亮红色,果大,平均单果重为3.86克,最大单果重为6.9克。果实整齐,硬度高,易采收。果味甜中略带酸味,风味好,香味浓,多汁。可溶性固形物为8.0%~12.0%,维生素C含量为430毫克/千克,可溶性糖含量为4.7%,有机酸含量为1.14%。适宜鲜食,也可用于加工,速冻后,果实完整性好。该品种在定植当年夏天即可开花,秋天即可结果,第二年就可进行夏秋双季结果的生产栽培,第三年进入丰产期,无大小年现象,抗逆性强,适应性好,在辽宁地区可自然越冬,适合在东北、华北地区种植。

7. 新红1号

由辽宁省国有阜新蒙古族自治县林业科技示范林场从"海尔特兹"的实生变异种中选育的树莓新品种,2016年通过辽宁省林木良种审定委员会认定。该品种果实呈短圆锥形、红色,平均单果重为3.3克,最大单果重为5.7克,略大于"海尔特兹"。果实可溶性总糖含量为5.9%,可滴定酸含量为2.5%,维生素C含量为496毫克/千克,可溶性固形物含量为11.2%,风味酸甜,芳香味浓郁,适宜鲜食与加工。丰产性好,抗逆性强,适合在东北地区种植。

该品种当年栽植当年即可结果,当年平均亩产量为30.2千克,第二年平均亩产量为505.9千克,第三年进入盛产期,平均亩产量为760.1千克。在辽宁阜新地区栽培,该品种4月上中旬萌发,7月初现蕾,7月上中旬始花,8月上旬果实开始成熟,一直可采收到10月上旬,果实发育期为30天,果实采收期为64天。

8. 阜德1号

是夏果型树莓"费尔杜德"的株变,于2009年发现于阜新蒙古族自治县林业科技示范林场树莓园。2016年被辽宁省林木良种审定委员会认定为良种。该品种果实为圆锥形,红色,平均单果重为4.3克,最大单果重为5.6克,果形指数为0.96,可溶性固形物含量为11.4%,可溶性总糖含量为5.9%,可滴定酸含量为1.7%,风味酸甜、清香、爽口,果个及品质均好于"费尔杜德"。该品种树势强壮,直立性好。当年栽植,第二年结果。抗逆性强,根系无冻害发生。

在辽宁阜新地区,萌芽期为4月上旬,现蕾期为5月中旬,始花期为5月下旬,果实始熟期为6月下旬。果实生育期为31天,采果期持续1个月。是一个优良的夏果型红树莓品种,适宜鲜食与加工,可在阜新地区大面积推广。

第十三章 树莓种苗繁育技术

第一节 扦插育苗

一 硬枝扦插

1. 插条冬藏

11月下旬至12月上旬，结合树莓的修剪，采集当年生健壮、芽眼饱满的基生枝，选取枝条中下部，剪成长约20厘米的穗条，30～50根为1捆，捆得不宜过紧。冬藏窖应选在背风向阳、地势高燥处，窖宽1～1.5米、深1米，长度视穗条数量而定，窖下部先垫20厘米厚沙子，然后将穗条放入窖内，边码捆边埋沙，可横放，也可竖放，埋好1层再放第2层，使插条与插条之间、捆与捆之间全部充满湿沙，沙子的湿度保持在60%左右，在埋好的插穗上覆盖湿沙，厚20～30厘米，再在中间竖草把，上面培土厚30厘米，覆土要拍实，上部加草覆盖。

2. 整地做床

选地势高燥、土层深厚、排水良好的沙质土地块（耕作层不浅于40厘米）作苗圃地，耕地前施入优质有机肥75吨/公顷，深耕细耙后打成畦宽1米、垄宽0.3米左右，整地做床。

3. 穗条处理

翌年3月上旬地温稳定在5℃左右时，将贮藏插条取出，其中一部分在芽节处产生不定根，一部分在插条下部形成愈伤组织。形成不定根的插条采用容器育苗，形成愈伤组织的插条上部进行适当修剪后，直接用于扦插,其他插条剪成10~15厘米长,保留3个芽,插条下端剪口离芽位1厘米,剪成马蹄形,上端剪口离芽位3~4厘米,剪口要平滑,不可撕裂,每捆30~50根,再用500毫克/升萘乙酸溶液速浸2秒待插。

4. 扦插

先在苗圃地已做好的畦内开纵沟,沟的行距为20厘米,每畦开5条沟,将有愈伤组织且已处理过的插条,均匀排放在沟内,株距10厘米,上露第1个芽,然后覆土、浇水。

5. 插后管理

插后浇足底水,然后在苗床上搭小拱棚,并覆盖塑料薄膜,加盖遮阳网。当气温高于30℃时要注意通风,根据土壤墒情,及时浇水和中耕除草。苗木生根后,应进行炼苗,逐步将薄膜与遮阳网揭除。

二 嫩枝扦插

一般在6月上中旬进行,选用半木质化的当年生枝条扦插。

1. 扦插基质

选用干净的河沙、泥炭土,也可在砂壤土上直接扦插。苗床高20~25厘米、宽1.2米,步道沟宽40~50厘米。

2. 苗床消毒

用0.5%高锰酸钾溶液对基质进行消毒处理,也可用甲醛溶液进行消毒处理,然后盖上塑料薄膜闷一昼夜。

3. 插穗采集和处理

采集当年生半木质化枝条,粗为0.3~0.8厘米,剪成长8~15厘米的插穗,插穗上有2~3个芽,下部截口距芽1~2厘米剪成马蹄形,上部距芽1厘米平剪,剪口要平滑,下部叶片全部去掉,仅留上部叶片的1/2,以减少蒸发。扦插前用500毫克/千克萘乙酸溶液速浸1~2秒。

4. 扦插

扦插前用已消毒的清水将苗床浇透,再进行扦插,株行距为5厘米×5厘米,扦插深度为5厘米左右。也可按株行距先开沟,然后将插穗排好压实喷水。

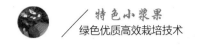

5. 搭遮阳棚

扦插后在苗床两侧每隔2~3米立一竖桩,搭好架子,用苇帘或遮阳网遮阳,一般透光量控制在30%以下。

6. 扦插后的管理

保持苗床湿润。晴天10时至17时气温高,蒸发强度大,为减少插穗蒸腾量、保持插穗体内水分平衡要适当喷水,喷水要掌握少量多次的原则。夏季经常出现暴雨,要保持排水沟畅通。一般每隔1周用50%多菌灵1 000倍液喷雾杀菌1次,以预防病害的发生。若管理到位,20天左右便可生根。

7. 炼苗

扦插苗生根后,应逐渐减少喷水量和次数,1周后撤去苇帘或遮阳网。

三 根段扦插

树莓的根段扦插时间在秋季、冬季、春季均可。

1. 根段采集与处理

秋季时在与树莓植株超过60厘米的位置将其长成的根条挖出,结合直径情况做好分类,并将其剪成小段,每段长度在15~20厘米。如果扦插的时间选择在冬季或者春季,则需要将小段捆成30或50条为一捆,置于装有湿沙的储藏室中拌和均匀;如果扦插的时间选择在秋季,则在剪小段、扦插之前将其下端进行生根处理,可插入到IBA、BA等生长调节剂中,温度控制在20℃左右,经过8~12小时,即可用于扦插。

2. 扦插床整理

扦插前在扦插床上开深15厘米的沟,将根段水平放置在沟内,覆盖一层10厘米厚的沙子。扦插结束后喷透水1次,并用塑料膜搭建简易小拱棚进行防护,控制扦插床温度在20~25℃,其间一旦发现沙面上见干要马上喷水,喷水要求适量,不可过多。

3. 扦插后管理

根段生根、发芽前的光照强度保持500~1 000勒克斯,生根、发芽后增加光照强度到2 000勒克斯以上。根段扦插苗长至高度超过10厘米时,需移栽到冬季保温效果较好的温室中,移栽后的各项管理同成枝扦插苗。冬季根段扦插方法基本同秋季扦插。插后至生根、发芽前同样需保持20~25℃床温及适宜的湿度。冬季根段扦插后加强管理也能在第二年春季提供建园用成苗。春季根段扦插一般于田间地温稳定在15℃以上后,在田间的扦插育苗圃中进行。扦插方法也基本同秋季扦插,只是长出的根段扦插苗须在苗圃中生长,次年春供建园用苗。根段扦插由于根上无芽靠插后发生的不定芽长苗,往往造成出苗率和苗长势均不如硬枝扦插或嫩枝扦插。

▶ 第二节 压条育苗

每年6~8月进行树莓压条繁殖,具体方法:采集当年生、芽眼饱满的基生枝,选取枝条中部刻伤压弯,入深为15~30厘米的沟中,覆土约10厘米,浇水并保持土壤湿润,约30天即可生根,生根后将沟填平并剪断枝条即可。

▶ 第三节 根蘖育苗

树莓根的分蘖能力非常强,可利用植株根系的分蘖能力进行繁殖育苗,尤其是红树莓类。主要做法:早春树莓未发芽时,用铁锹在其根系周围进行翻耕,形成根蘖苗后要及时断根,以切断幼苗与母体的联系。断根要适时,过早则幼苗生长弱、成活困难,过迟则影响幼苗数量,一般在幼苗长出地面1个月左右,长江流域一般在4月底至5月初,北方地区稍迟,离苗10厘米处断根。

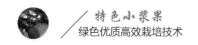
▶ 第四节　埋根育苗

树莓无主根，根系分布较浅，其根蘖能力非常强，早春可利用根系再生能力进行埋根育苗。主要做法：2月下旬至3月初，地温在5℃以上，在植株周围（10厘米以外）开挖，使根系裸露并截断，选0.2厘米以上侧根，剪成10厘米一段待用。苗床高20～25厘米、宽120厘米，步道沟宽40～50厘米。用锄头开沟，深8～10厘米，间隔10～15厘米，将根段平放于沟内，每条沟约放10段，覆土平整。浇透水，盖草保湿，20天左右萌发，成活率在80%以上，出苗后分2～3次将覆盖的草揭去。挖根同时也可促进母株根蘖苗的萌发。

▶ 第五节　组织培养育苗

━ 材料选择

选择无病虫害、生长健壮、芽体饱满、茎粗不超过0.5厘米的嫩枝或半木质化的枝条。田间采集时间为6月中旬至9月初。

━ 组培准备工作

1.培养基的制备及工具准备

所有培养基均采用MS+植物激素+7克/升琼脂+30克/升蔗糖，pH 5.4～6.0，0.103 MPa，121℃湿热灭菌20分钟。准备无菌水、滤纸及工具，在0.103 MPa、121℃下湿热灭菌30分钟。

2.材料处理

将采集的枝条剪成带1个芽、1厘米长的茎段，用洗洁精清洗干净，流水状态下冲洗1小时，再置于超净工作台中无菌水冲洗3次。

嫩枝茎段的消毒：酒精40秒，无菌水冲洗3次，每次1分钟以上；HgCl₂消毒5分钟，无菌水冲洗3次，每次1分钟以上。

半木质化茎段的消毒：酒精喷1分钟，无菌水冲洗3次，每次1分钟以上；HgCl₂消毒7分钟，无菌水冲洗3次，每次1分钟以上。

三）组培苗培养

1. 生长培养

将消毒好的茎段底部黑色部分切去，接种到MS+1毫克/升6-BA+0.5毫克/升NAA生长培养基上。7天后腋芽陆续萌发，转接增殖培养基时，芽高最好不超过1厘米。

2. 增殖培养

将萌发的腋芽从茎段上切下，接种到MS+1.5毫克/升6-BA+0.05毫克/升NAA增殖培养基上，每30天转接一次，增殖系数因品种而异，可达2.8～4.1。

增殖培养可连续进行4次，然后进行复壮培养，复壮培养基可采用MS+1毫克/升6-BA+0.5毫克/升NAA，培养温度为20℃，光照时间为10小时/天，培养30天。

3. 生根培养

当组培苗长至1厘米高时，切成单株状，接种到MS+0.2毫克/升IBA生根培养基上。

4. 培养条件

白天温度为23℃±2℃，夜间温度不低于18℃；光照时间为14小时/天，光照强度为2 500～3 000勒克斯，相对空气湿度为40%～60%。

四）组培苗驯化

1. 炼苗

当组培苗根系长度达1厘米时，将组培苗从培养室移至驯化室。继续生长至根系长2厘米、株高3厘米以下，此时进行驯化。驯化前3天，把瓶盖打开，让组培苗逐步适应外界环境。

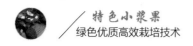

2. 移栽

基质采用草炭土,拌入30%的百菌清(百菌清:土＝1:100),喷洒2.5%杀灭菊酯乳油1 000倍液,塑料布覆盖7天。采用72穴、5厘米深的穴盘,使用前将穴盘浇透水,放置2天。

将组培苗根部培养基洗净,用镊子在穴盘上打孔,根系不要卷曲,栽好后轻轻把空隙填满,不要用手压,以免基部折断,浇透水即可。

3. 驯化管理

缓苗前,保持土壤湿润,遮光率20%;相对空气湿度不高于40%;环境温度白天不高于30 ℃,夜晚不低于18 ℃,30天后成活率可达90%。

移栽后注意预防红蜘蛛,可选用73%炔螨特乳油、阿维菌素等;真菌、细菌性病害可采用甲基托布津、使百克等。缓苗后每15天喷1次0.2%～0.3%磷酸二氢钾溶液。

第十四章 树莓高产高效栽培技术

第一节 树莓生产存在的问题

一 品种结构不合理

品种单一、退化现象严重,优新品种未能加以开发利用,资源增值较低。品种搭配不合理,中晚熟品种较多,果实成熟期过于集中,果实采收、收购、冷冻、贮藏等需求的劳力资源矛盾较大。

二 配套栽培技术普及率低

标准化栽培技术亟待提高,果园管理粗放,农民受传统种植习惯的影响,重栽轻管,施肥时期不合理、浇水不科学、修剪不到位等,导致产量低、品质差、病虫害发生严重。

三 技术服务体系力量薄弱

技术推广部门及人员偏少,多数乡镇农技人员没有掌握树莓生产管理技术,不能科学地指导农户进行树莓生产。有些农户从未种植过树莓,不懂树莓生产管理技术,技术服务体系力量薄弱,难以应对迅速扩大的树莓生产,技术人员素质及工作环境条件有待改善。

四 产业化程度不高

龙头企业与种植户之间利益冲突凸现,产、供、销、贮产业链条短;果

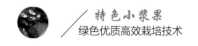
品产后处理滞后,贮藏手段落后,市场销售网络没有形成;加工技术亟待提高,粗加工产品多,精深加工产品少,产品附加值低;名牌产品缺乏,产业链条发展不均衡,难以适应市场经济发展要求。

▶ 第二节 树莓绿色轻简高效栽培技术

树莓在我国主要分布在黑龙江、吉林、辽宁、河北等省,近几年树莓栽培面积不断扩大,发展树莓产业对我国农业产业结构调整及农民增收都有重大的意义。下面就树莓绿色轻简高效栽培技术作一介绍,供种植者参考。

一 建园技术

1. 园地要求

园地要求土层深厚,有机质含量较高,pH为中性偏酸,水利设备配套齐全。沙荒地土壤疏松,排水、通气良好,对树莓根系生长有利,且土地价格低廉,但沙荒地贫瘠,要经常施肥;丘陵山地光照条件好,昼夜温差大,有利于果实糖分积累,但水分蒸发量较大,容易干旱缺水,因此应搞好灌溉设施建设。

南坡树莓果实通常成熟要比北坡早,但也增加了冻害的危险性,因为南坡冬末和早春气温较高,叶芽开始萌动早,此时容易受到晚霜危害而产生冻害。因此,丘陵山地栽培,最好选择东坡向和东南坡向的坡面,同时要加强冬季防寒措施。

在布设灌水渠道的同时,要将排水设施合理布设,特别是对于低洼地、容易积水的园地,一定要设置排水设施。排水设施应与树莓行向一致。滴灌是一种较为先进的灌溉方法,能起到很好的输水效果,尤其是在缺水的园区更能突显出优势,但是前期投入较高,在经济实力允许的条件下可大力提倡。另外,树莓园不宜选择在三四年前一直种植茄科作物或草莓的地块上,以避免黄萎病的发生。近期使用过除草剂的地块,也要间隔一定的期限,只有当除草剂的持效期结束后才能建园;邻近有树莓园的地带,要有200米以上的距离,方可建园。

2. 品种的选择

我国北方由于冬季寒冷,在选择树莓栽培品种时,首先要考虑的因素是抗寒能力的强弱,同时也要考虑果实品质及丰产性能。红树莓品种主要有"美21号""美22号""澳洲红""红宝玉"等,黑树莓品种有"A4-17"。

3. 定植时间

树莓栽植主要在春季和秋季,秋季定植成活率高。春季适宜定植的时间为从土壤解冻后开始,最迟到树莓苗木萌芽前,具体的土壤温度要求为10~20厘米土层的低温稳定保持在10℃以上即可进行苗木栽植。秋季栽植有利于根系生长,秋季适宜早栽,如果栽植过晚,埋土防寒时,在放平地上枝条时,容易将根系露出。

4. 栽植方式和密度

树莓不同品种之间,萌发根蘖的能力有所差异,根据萌蘖特性可以选择不同栽植方式。单株栽植,这种栽植方法适宜根蘖萌发较差的品种,生产上一般小规模栽植时使用。株距通常为0.25~0.50米,行距为1.5~2.0米,每个定植穴栽植苗木1株,每亩用苗量为400~800株。带状栽植,适宜根蘖萌发较强的品种,在大面积栽培时常采用这种方式。每个定植穴栽植苗木3~4株,种植带宽度为0.3~0.6米,带向在平地以南北向为佳,使每行两侧着光均衡。坡地以等高线方向为佳,每亩可栽植800~1 200株。

5. 苗木准备

品种纯正、品质优良的苗木是树莓园高产、稳产、丰产的保证。优质苗木还需具有枝条充实、根系健壮、没有病虫害等特点。高标准建园时建议采用经过组织培养脱毒处理的无病毒苗木。

6. 起苗运输

为保证苗木栽植成活率,起苗后应按50株一捆装入浸湿的草袋、蒲包或塑料编织袋内,装袋时要摆放整齐,用塑料撕裂膜或麻袋线缝口或

系口。装好后的苗袋,切忌裸苗放外面,尤其是在大风和高温天气,一定要用遮护物遮护,以免苗木失水。长途运输应将装好的苗木袋,平整摆放装车,用苫布盖严,以防止途中表层苗木风干。运到目的地后,按照苗木假植要求,立即进行假植或贮藏。栽植前,用ABT生根剂依照说明书要求处理根系,然后立即栽植;对不能马上栽植的苗木要选择阴凉处挖沟假植,以避免苗木失水、萎蔫、发热、霉烂而影响栽植成活率。

7. 定植技术

苗木定植深度要适宜,须保证植株根系充分舒展,栽苗时要注意保护基生芽不受损伤。定植穴深、宽均为30~40厘米,根据所栽植的苗木数量及栽培面积等综合考虑,可每穴栽苗1~3株。栽苗时要特别注意,边栽边浇足定根水,后覆盖一层土,以防止土表硬结。苗木根系要距地面10~15厘米,栽后将地上部枝条剪留15~20厘米即可。

二 田间管理

1. 土壤管理

一是要做好中耕土的管理,过程中应通过松土保持土质疏松,松土工作位于降雨或灌水之后,合理松土深度为5~12厘米。在营养生长期进行4~6次,同时铲除多余的根蘖。

二是果园除草。过程中应根据果园实际情况,选择人工除草、地膜压草等方式。若有必要,还应进行果园覆盖。

2. 施肥管理

以秋施基肥为主,施肥时间以早秋最好,并以农家肥为主。施肥通常以沟施为主,宜在栽植行的两侧或一侧挖沟,最好在一侧,隔年轮换,以避免伤根过多。施肥沟和树莓株苗的距离应保持在40~60厘米,单株施肥量控制在700克。施肥前,应将肥料与基土混合,并加入适量的磷、钾肥。为了满足树莓当年结果营养消耗并为翌年丰产打基础,生长期还应实时进行追肥。一般于春季萌芽至开花前施入,施肥量为20~30克尿素/株,12~15千克/亩,施肥后及时灌水。秋季追肥以磷、钾肥为主,具体可在10月上中旬进行。生长期可以根据树体营养状况喷洒叶面肥。

3. 水分管理

树莓属于浅根系植物,对土壤含水量变化非常敏感,生产中保证适宜的土壤水分对树莓的正常生长发育极为重要,尤其是在需水关键时期要保证充足的水分供应。在萌芽期、展叶期、新梢速长期、开花坐果期以及埋土防寒前应及时灌水。在生长季中,应视干旱情况及时灌溉,尤其果实生长期是需水高峰,要经常灌水,保持土壤湿润。此外,还要根据天气情况,适时安排灌、排水。

4. 修剪技术

树莓的修剪一般1年进行2~3次即可,第一次在春季解除防寒物后,剪去破伤、断折、干枯、病虫枝,疏除基部过密枝,保证每株有7~8个二年生枝。第二次在夏季采果后,应将结过果的二年生枝从基部疏除,为基生枝条的生长创造良好的光照和营养条件。第三次是在埋土防寒前,短截基生枝条,将当年生枝条在距地面1.3~1.8厘米处短截,根据枝条长势强弱决定剪留长度。

5. 立架

树莓在定植1年后需要进行搭架缚引,可以提高叶面积系数,改善树体通风透光条件,提高光合作用效率。通过立支架也可以避免果实与地面接触,防止果实病害发生,提高果实品质。生产上常采用单壁篱架,立支架在春季树莓撒防寒土之后进行。

6. 防寒及解除

目前,我国北方栽培的树莓品种冬季都需要进行防寒,常用的方法是埋土防寒。埋土操作要在土壤封冻之前完成,防寒前需要浇封冻水,这样可以提高树体的抗寒性。具体操作是:将树莓的枝条沿同一方向按倒,然后在行间取土埋在枝条上,防寒土的厚度一般为10厘米左右,以枝条不露出为宜。冬季和早春要经常检查,及时将露出的枝条用土覆盖好。春季土壤解冻后,将覆盖土填回原处,清理株丛基部防寒土,以防根部年年上移。

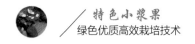
第三节　树莓的采收与贮藏

一　采收时间

树莓生长会经历绿变红、再转为深紫的颜色变化过程。树莓的浆果成熟期不一致，宜分期分批采收。浆果在7月上旬开始成熟，之后延续1个多月，双季树莓的采收期延续到9—10月。在第一次采收后的7～8天浆果大量成熟，以后每隔1～2天采收1次。

二　采收方法及用具

分品种及分批采收是树莓采收的基本要求，这样不仅能保证树莓的品质，而且能避免采摘过程中压伤前期采摘的树莓，从而保证农户效益。

充分成熟的浆果具有独特的风味、香气和色泽，果皮非常柔软，容易碰破。聚合果与花托容易分离，销往当地的可不带花托采下。销往外地的必须带花托一起采下来，而且在充分成熟之前2～3天采收，这样的浆果才能保存较长时间，放在冷库中可以保存7～8天。采下的浆果放在包装盒内，每盒装0.5～1千克。下雨和早晨有露水时，都不适宜采收，沾水的浆果容易霉烂。

三　果实保鲜

果实采收后，有条件的可通过及时预冷贮存，以及通过低温、气调、防腐措施和速冻等方式进行保鲜处理，以维持其良好的品质及耐贮运能力。为了避免果实品质受损，树莓果实运输途中的每一步都应使果实冷却并覆盖，长途运销过程中应采用低温保鲜技术。

第十五章 树莓常见病虫害防治技术

▶ 第一节 树莓常见病害的识别与防治

一 树莓灰霉病

1. 危害特征

主要危害花、幼果和成熟的果实,也危害叶片。

(1)发病初期花梗和果梗变为暗褐色,后逐渐扩展蔓延至花萼和幼果。

(2)湿度过大时病部表面密生一层灰色霉状物,最后造成花大量枯萎脱落、果实干瘪皱缩;浆果感染后破裂流水,呈浆状腐烂;气候干燥时病果失水萎蔫,干缩成灰色僵果,经久不落。

2. 防治方法

(1)秋冬落叶后彻底清除枯枝、落叶、病果等病残体,集中深埋或烧毁;生长季节摘除病果、病蔓、病叶,及时喷药,减少病原;避免阴雨天浇水,加强通风、透光、排湿工作。

(2)加强树体营养,不偏施氮肥,增施磷、钾肥,提高植株自身抗病力;合理整枝调控,夏果型树莓留枝 9~10 个/米^2,秋果型树莓留枝 15~16 个/米^2。

(3)现蕾期和初花期喷布灰霉特克可湿性粉剂 1 000 倍液、50%腐霉利(速克灵)可湿性粉剂 1 500 倍液、50%乙烯菌核利(农利灵)粉剂 1 000 倍液、50%异菌脲可湿性粉剂 1 000~1 500 倍液 1~2 次;采果期禁止喷药。

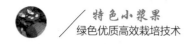

二 树莓叶斑病

1. 危害特征

叶斑病又称灰斑病,该病对一年生和多年生树莓叶片都会侵染,新叶发病较重,老叶次之。发病初期,在叶片上形成淡褐色小斑,直径为2~3毫米,后逐渐扩大呈圆形或不规则形病斑,中央呈浅褐色,边缘颜色较深,有黄色晕圈,最终发展成为白心褐边的斑块。气候干燥时病斑中央组织崩溃、破碎,形成穿孔。发病叶片后期病斑较多,有的汇合成大型病斑,严重影响叶片的光合作用。

2. 防治方法

(1)树莓采收修剪后,或翌年撤除防寒土上架后、萌芽前,喷布3~5波美度的石硫合剂,可极大减少菌源量。

(2)加强园内管理,及时清除杂草和病残体,集中销毁,对枯株科学修剪,合理密植,防涝排湿,降低病原菌侵染机会。

(3)花前喷布70%代森锰锌可湿性粉剂500倍液或50%可灭丹可湿性粉剂1 000倍液1~2次,生长季发现病株喷布70%甲基托布津或50%多菌灵可湿性粉剂500~800倍液2~3次。

三 树莓茎腐病

1. 危害特征

一般发生在新梢上,先从新梢向阳面距地面较近处出现一条暗灰色的似烫伤状的病斑,长1.5~5.5厘米,宽0.6~1.2厘米。病斑向四周迅速扩展,病部渐变褐色,病斑表面出现许多大小不等的小黑点,木质部变褐坏死,随病部扩展,叶片、叶柄变黄,枯萎,严重时整株枯死。其发生常常与树体的伤口、虫害有关,多发生在晚春或初夏。高温多雨季节为发病盛期。

2. 防治方法

(1)秋季清园,剪下病枝集中烧毁。越冬埋土防寒前喷4~5波美度的石硫合剂1次。喷洒药剂时要注意全株喷洒,尤其是枝条基部,最好地面也喷。春季树莓上架后、发芽前再喷1次4～5波美度的石硫合剂。

（2）发病初期喷70%甲基硫菌灵可湿性粉剂500倍液,或40%乙磷铝可湿性粉剂500倍液,或50%福美双可湿性粉剂500倍液,药效可持续到花前或初花期。

四 树莓炭疽病

1. 危害特征

染病叶片形成白色突起的小病斑,边缘紫色,病斑易穿孔,可引起早期落叶。枝条侵染,形成紫色隆起的小病斑,病斑扩展,形成中心灰白色,边缘紫色溃疡斑,后期病斑连成片,严重时引起表皮开裂,影响枝条生长结果。夏果型树莓二年生枝条变细、变脆,导致枝芽枯死,结果能力下降。

2. 防治方法

（1）果实采收后及时清除病残体,并清除田间杂草。

（2）合理修剪,保持种植带内通风透光。建议夏果型树莓每亩留枝量控制在2 500株左右,秋果型树莓每亩留枝量控制在5 000株左右。

（3）合理使用肥料,不偏施氮肥,防止植株徒长。

（4）花前喷施80%代森锌可湿性粉剂800倍液,或等量式200倍波尔多液,或75%百菌清可湿性粉剂500倍液。

五 树莓白粉病

1. 危害特征

染病叶片覆盖白粉状物,叶子扭曲变形或收缩,部分叶片上的白粉状物并不明显,叶子出现浸水斑点。严重时新梢的生长会变低,果实也会受到侵害。

2. 防治方法

（1）冬季防寒前清扫园区,集中烧毁病叶和病枝,消除病原。

（2）早春发芽前、开花后及幼果期,喷洒70%甲基托布津湿性粉剂1 000倍液,或25%粉锈宁湿性粉剂1 000～1 500倍液,或50%硫悬浮剂

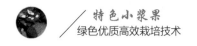
200～300倍液。

（六）树莓根癌病

1. 危害特征

发病早期根癌表现为根部出现小的隆起，表面有粗糙的白色或者肉色瘤状物。始发期一般为春末或者夏初，之后根癌颜色慢慢变深，最后变为棕色至黑色，受害病株发育受阻，叶片变小变黄。

2. 防治方法

（1）选择疏松、排水良好的酸性沙质土壤建园，对土壤进行处理；移植前进行苗木检疫，苗木消毒、免疫处理。

（2）增施硫酸钾等酸性肥料，利用富碘土壤杀菌剂浇灌树根或土壤。

（七）树莓根腐病

1. 危害特征

主要危害幼苗，成株期也发病。初期仅个别须根感病，并逐渐向主根扩展。主根感病后，早期植株不表现症状，后随着根部腐烂程度的加剧，植株吸收水分和养分的功能逐渐减弱，地上部分养分供不应求。病株在萌芽后整株或部分枝叶萎蔫，叶片向上卷缩，新梢生长困难，有的甚至花蕾皱缩不能开花或开花不坐果，枝条呈失水状，皮层皱缩，有时表皮还干死翘起呈油皮状。根皮变褐，并与髓部分离，最后全株死亡。

2. 防治方法

（1）选用抗病品种。轮作换茬，精细整地，清沟沥水，阴雨天水不上畦，沟内无积水。少用化肥，多用腐熟有机肥。

（2）在夏季翻耕土壤，用薄膜覆盖，使地温升至50℃，以高温杀死病菌。

（3）发病初期及时挖走病株，集中销毁，病根处土壤可浇灌25%甲霜灵可湿性粉剂500倍液，也可在秋季或春季用80%代森锰锌可湿性粉剂500倍液与甲霜灵混用或直接施入根部土壤。

八 树莓锈病

1. 危害特征

锈病是一种真菌性病害,在我国北方树莓产区多零星发生,一般危害不重;但在夏季高温多湿的南方地区,是常见的树莓病害之一。此病主要危害叶片,被害叶片正面出现黄绿色病斑,背面则发生橙黄色夏孢子堆,呈黄色粉末状,后期在病斑处产生黑褐色多角形斑点,即孢子堆。

2. 防治方法

(1)晚秋彻底清除落叶,集中深埋。生长季节及时摘除病叶深埋。

(2)北方地区,初发病时可喷50%多菌灵、65%代森锌600倍液、75%托布津或60%百菌清800倍液,7~9月连续喷施2~3次,可以控制危害。长江以南地区,从6月上中旬起,结合防治黑痘病,喷洒1:1:200倍波尔多液2~3次;发病时喷20%粉锈宁3 000倍液或70%甲基托布津1 000倍液2~3次。

九 树莓苗期立枯病

1. 危害特征

主要危害小苗叶片,病斑多从叶尖、叶缘开始,向叶片下方扩展。病斑呈淡黄褐色,后期颜色加深,呈褐色。叶片保湿后可见霉层。叶片坏死后病部可向下扩展,到达茎部,茎部出现褐色坏死。根部并未见异常。

2. 防治方法

(1)此病发生在苗期,苗床土壤菌量大小是此病是否发生和发生严重与否的关键。土壤消毒用50%氯溴异氰尿酸可湿性粉剂1 000倍液,苗床土铺平后喷雾金消康,盖膜2~3天后土壤可以移入小苗。

(2)低温时发生严重,注意育苗温室的保温,可以减轻此病的发生。

(3)发病后用96%恶霉灵粉剂3 000倍液配合655叶面肥600倍液,有较好的治疗效果。

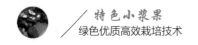

十 树莓果腐病

1. 危害特征

果腐病多发于雨水较多的南方地区,北方地区雨水较少且多集中在夏季,所以发病概率比南方地区小。果腐病是一种会在果肉里长满菌丝的细菌性病变,感染了果腐病的树莓便不能食用了。

2. 防治方法

(1)在树莓花期和幼果期喷洒64%杀毒矾可湿性粉剂400～500倍液或75%百菌清可湿性粉剂600倍液,每隔10天左右喷洒1次,采收前3天停止用药。

(2)采果后尽快修剪枯枝,避免一年生枝条过度生长,同时栽植园区须防止过涝过湿。

十一 树莓黏菌病

1. 危害特征

黏菌常附着在活的植物体上而有碍观瞻,在有损美观的同时也会对植物造成危害,高温、高湿有利于黏菌的发生,常导致幼苗萎蔫,含糖量高的树莓品种上容易发生。

2. 防治方法

(1)加强田园管理。根据黏菌的发生规律,建议施用充分腐熟的有机肥。

(2)清除病残物。及时剪枝、除草,彻底清除田间地表病残体和落果。

(3)降低生境湿度。雨后及时排水,防止田间地表产生积水,降低田间湿度。

(4)药剂防治。树莓黏菌病严重发生时可选用70%甲基硫菌灵WP 600倍液或50%多菌灵WP600倍液、1:1:200倍式波尔多液、2%石灰水喷施树茎和田间地表1～2次,即能控制黏菌的发生与蔓延。

▶ 第二节　树莓常见虫害的识别与防治

一）金龟子

1.危害特征

危害树莓的金龟子主要是白星花金龟子。成虫常群集危害,取食树莓的幼叶、芽、花和果实,尤其以成熟的树莓果实为主;也会在枝条或烂皮等处吸食汁液,在树干周围分泌大量液体,影响树体生长。危害果实时,先咬破果皮然后钻食果肉,使果实失去商品价值。

2.防治方法

(1)用频振式杀虫灯诱杀金龟子成虫,每盏灯可覆盖4公顷果园。

(2)利用成虫的假死性进行人工捕捉;利用幼虫个体较大、行动缓慢的特点,人工捕捉或养鸡鸭啄食。

(3)糖醋液诱杀:主要是利用成虫的趋光性进行诱杀。一般酒、水、糖、醋的比例为1:2:3:4,加入90%敌百虫晶体300～500倍液,倒入广口瓶,挂在树上。每天定时收集成虫。

二）柳蝙蝠蛾

1.危害特征

柳蝙蝠蛾是危害树莓的主要害虫之一。其以卵在树莓园内枯草丛、落叶下越冬,翌年4～5月开始孵化。6月中下旬幼虫进入新梢产生危害,蛀入口距地面35～55毫米,多向下蛀食。其钻蛀性强,尤其对幼树危害最重,轻者阻滞养分、水分的输送,造成树势衰弱,严重影响树莓第二年产量;重则导致主枝折断、干枯死亡。

2.防治方法

(1)及时清除园内杂草,集中深埋或烧毁。

(2)成虫羽化前剪除被害枝集中烧毁。

（3）花前或采后，喷施2.5%溴氰菊酯乳油3 000～4 000倍液，或20%氰戊菊酯乳油2 000～3 000倍液，或5%顺式氰戊菊酯乳油2 000～3 000倍液。

三 茶翅蝽

1.危害特征

茶翅蝽又叫臭椿象。成虫在树莓园附近的杂草、枯枝或石头下越冬，翌年4～5月出蛰，6月产卵，7月中下旬出现当年成虫。成虫和若虫刺吸树莓的嫩叶和果实，使叶皱缩卷曲，果面凹凸不平并产生褐色小点，形成畸形果，甚至腐烂，失去商品价值。

2.防治方法

（1）在树莓园附近的空房内悬挂空纸箱、废旧纸袋等物，能吸引大批成虫过去越冬，翌年出蛰前集中销毁。

（2）喷施50%氧化乐果800～1 000倍液、50%辛硫磷乳油1 000倍液，具有较好的防治效果。

四 美国白蛾

1.危害特征

低龄幼虫有吐丝结网、群居为害的习性，老熟幼虫有暴食性，有时3～4天可将整株叶片吃光，使植株生长不良，甚至全株死亡。繁殖力强，每头成虫的产卵量为500～800粒，最高可达2 000粒。

2.防治方法

（1）剪除网幕，在幼虫3龄前，发现网幕用高枝剪将网幕连同小枝一起剪下。剪下的网幕必须立即集中烧毁或深埋，散落在地上的幼虫应立即杀死。

（2）灯光诱杀，利用诱虫灯在成虫羽化期诱杀成虫。诱虫灯应设在上一年美国白蛾发生比较严重、四周空旷的地块，可获得较理想的防治效果。在距灯中心点50～100米的范围内进行喷药毒杀被灯诱来的成虫。

五 树莓穿孔蛾

1. 危害特征

树莓穿孔蛾幼虫会在天气渐冷的秋季作茧在基生枝皮层下度过冬季,春季展叶期爬上新梢,蛀入芽内,开始蛀食新芽,直至新芽死亡,成虫在花期羽化并在花内产卵,幼虫初期会吸食果浆,然后转入树莓的根基部越冬。

2. 防治方法

(1)深秋时节清理果园,集中并烧毁所有被蛀食过的枝条。

(2)在早春展叶期,喷洒80%敌敌畏1 000倍液或2.5%溴氰菊酯2 000~3 000倍液杀死幼虫。

六 树莓蛀甲虫

1. 危害特征

蛀甲虫以成虫或幼虫在土内越冬。成虫在春季开始食害幼叶,并咬入花蕾,取食雄蕊和蜜腺,导致花蕾脱落或产生畸形果。成虫在花内产卵,经过8~10天孵化出幼虫。幼虫随即钻入果内,危害浆果,导致浆果易于腐烂。

2. 防治方法

发生严重的果园,在成虫出土期进行地面施药,采用5%对硫磷微胶囊剂100倍液、2.5%敌百虫粉剂加25千克细沙,拌匀后撒于地面。

七 山楂叶螨

1. 危害特征

叶螨(Tetranychid)主要危害叶片。叶面最初有失绿的小斑点,随后数量增多成失绿的区域。叶片附螨蜕及丝网。受害严重的叶片枯萎发红,如同被火烧之后的状态,叶片早落。

2. 防治方法

春季用50%硫悬浮剂200倍液或0.5波美度石硫合剂喷雾防治,夏秋

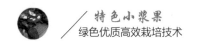
季则可以使用20%螨死尽胶悬剂2 000倍液或15%扫螨净乳油2 000倍液喷洒防治。

八 果蝇

1. 危害特征

全年均有成虫出现,6~9月为高发期。幼虫藏身于浆果并蛀食,使果实腐烂或未成熟就黄化落果。果蝇在空气湿度越大的地区繁殖越快,对晚熟的树莓品种危害更重,严重影响产量和品质,甚至导致浆果完全无法食用。

2. 防治方法

(1)时常清除落果、虫果,集中焚烧或挖深坑填埋虫果。或直接每隔一定距离在树莓枝条上悬挂粘蝇板,定期更换粘蝇纸。

(2)诱杀成虫可采用:①将适量香蕉加入90%敌百虫1 000倍液中即可制成毒饵,放在树莓园中,5天换1次,连续3~4次;②将浸泡过加了3%马拉硫磷或二溴磷的诱虫醚溶液的蔗渣纤维板小方块挂在树莓枝条上,每公顷1片,6—9月悬挂,每月换2次。

▶ 第三节 树莓生理性病害的识别与防治

一 树莓冻害

1. 危害特征

此病一般发生在早春,发病株表现为芽坏死,茎秆不发芽、不长叶片。冬季埋土不够厚和早春低温容易引发此病。

2. 防治方法

(1)根据当地温度条件,选用抗寒品种。

(2)做好冬季埋土防寒是预防此病的关键,最佳埋土时机为土地封冻前10天左右。

（3）发病后应及时灌一次水，并及时松土保墒。对于失去发芽能力的枝条，需要及时补苗替换。

二　树莓日灼

1. 危害特征

高温多雨季节发病，遭受危害的果实变硬，顶端果实易受害。发生的原因为热伤害和紫外线辐射伤害，日伤害是果实表面高温引起日灼，与光照无关；紫外线辐射伤害是紫外线引起的日灼，导致细胞溃解，成熟果实汁少，果实表面乳白色并有水浸状。发生与温度、光照、相对湿度、风速及树势等因素有关，其中温度和光照是主要影响因子。

2. 防治方法

（1）加强栽培管理，增强树势，防止偏施氮肥，多施腐熟有机肥，提高土壤保水保肥能力，合理整枝调控，尽量避免果实直接暴露在直射阳光下。

（2）成熟果实及时采收，高温天气，可结合喷灌设施使果实表面温度下降，能有效避免日灼的发生。

参 考 文 献

[1] 张雯丽.中国草莓产业发展现状与前景思考[J].农业展望,2012,
8(2):30-33.

[2] 张欣馨,王菲,李浪,等.中国草莓生产中面临的主要问题及发展对策
[J].中国林副特产,2016(2):92-96.

[3] 雷家军,薛莉,代汉萍,等.世界草莓属(Fragaria)植物的种类与分布
[C]//中国园艺学会草莓分会,北京市农林科学院.草莓研究进展
(Ⅳ).北京:中国农业出版社,2015:364-375.

[4] 侯丽媛,董艳辉,聂园军,等.世界草莓属种质资源种类与分布综
述[J].山西农业科学,2018,46(1):145-149.

[5] 童建新,来文国,李龙,等.草莓新品种红玉的选育[J].果树学报,
2022,39(11):2209-2212.

[6] 高清华,田书华,杨静,等.优质抗病草莓新品种'申琪'[J].园艺学
报,2018,45(S2):2741-2742.

[7] 杨维杰,沈岚,斯双双.草莓新品种引种及高架基质栽培[J].浙江农
业科学,2021,62(7):1341-1342.

[8] 王禹.草莓组织培养育苗技术[J].中国林副特产,2021(2):43-44.

[9] 杨肖芳,苗立祥,张豫超,等.草莓脱毒苗的繁育技术规程[J].蔬菜,
2015(1):68-69.

[10] 汤玲,贺欢,孔芬,等.草莓组织培养研究综述[J].甘肃农业科技,
2017(9):68-71.

[11] 张孟,李彤彤.草莓设施栽培技术要点[J].农业技术与装备,2022
(11):165-166.

[12] 周厚成,李亮杰,赵霞,等.草莓设施栽培技术规程[J].果农之友,
2019(5):29-31.

[13] 吕佩珂,高振江,尚春明.草莓蓝莓树莓黑莓病虫害诊断与防治原色
图鉴[M].北京:化学工业出版社,2017.

［14］段志坤.蓝莓生长特性及高效栽培技术(一)［J］.果树实用技术与信息,2023(3):12–16.

［15］单振宇,戴钰.优质蓝莓栽培的气象条件探究［J］.南方农业,2020,14(21):160–161.

［16］周继芬,兰武,王军,等.蓝莓营养及独特保健功能研究［J］.北方园艺,2020(21):138–145.

［17］马艳萍,郭才,徐呈祥.蓝莓的功能、用途及有机栽培研究进展［J］.金陵科技学院学报,2009,25(2):49–54.

［18］杨刚华,杨林通,陈海含,等.蓝莓的种植技术及产业发展前景概述［J］.湖南农业科学,2013(15):117–119.

［19］朱银平.蓝莓扦插育苗技术［J］.江西农业,2018(10):17.

［20］严家驹,黄作喜,李强.蓝莓繁殖技术的研究进展［J］.安徽农学通报,2018,24(14):43–46+120.

［21］杨刚华,杨林通,陈海含,等.蓝莓的种植技术及产业发展前景概述［J］.湖南农业科学,2013(15):117–119.

［22］王小蓉,王燕.中国树莓属植物种质资源研究［M］.北京:中国农业科学技术出版社,2022.

［23］王柏茗,祁欣,聂江力,等.红树莓栽培历史与名称考［J］.天津农林科技,2021(3):38–39+44.

［24］张薇,张雪梅.树莓产业发展现状及对策分析［J］.河北果树,2021(3):1–3+10.

［25］刘宽博,王明力,万良钰,等.树莓中主要活性成分及产品研究进展［J］.中国南方果树,2016,45(6):178–183.

［26］张倩茹,尹蓉,王贤萍,等.树莓的营养价值及其利用［J］.山西果树,2017(4):9–11.

［27］赵万林.当前树莓产业发展形势剖析［J］.农技服务,2014,31(6):220–221.

［28］吴林,张强,王颖,等.中国树莓科学研究和产业发展的回顾与展望［J］.吉林农业大学学报,2021,43(3):265–274.

[29] 王兆林,张德明,张国洪.树莓新品种螺山仙子[J].北京农业,2003
(12):21.

[30] 孙兰英,吴立仁,刘金江,等.抗寒树莓新品种"绥莓1号"的选育[J].
北方园艺,2013(18):163-164.

[31] 代汉萍.优质双季树莓新品种——秋萍[J].新农业,2013(15):4-6.

[32] 刘文浩.树莓新品种——新红1号[J].中国果业信息,2019,36(6):
75.

[33] 刘金成.树莓新品种——"阜德1号"选育报告[J],园艺与种苗,
2019,39(4):15-18.

[34] 吴林,刘海广,张志东,等.树莓新品种"红宝珠"[J].园艺学报,
2005,32(5):967.

[35] 刘海广,张志东,李亚东,等.树莓新品种"红宝达"[J].园艺学报,
2005,32(6):52.

[36] 于一苏,李纯,龚明,等.皖黑树莓1号等4个优良品种选育研究[J].
安徽林业科技,2013,39(2):15-18.

[37] 巫伟峰,张群英.树莓的扦插技术要点总结[J].园艺与种苗,2019,
39(7):28-29.

[38] 王浩佳.树莓的引种及繁殖栽培技术[J].农业与技术,2021,41(9):
122-124.

[39] 王禹.树莓组织培养育苗技术[J].中国林副特产,2021(1):43-44.

[40] 朱鸣明.阜新地区树莓病害的发生与防治[J].园艺与种苗,2020,40
(6):15-16.

[41] 邓贵义,马维广,姜红甲,等.红树莓病虫害综合防治技术[J].中国
园艺文摘,2012,28(5):168-169.

[42] 郭志平.树莓的采收及采收后的加工技术[J].农产品加工(创新
版),2010(11):19-20.

[43] 李金凤.树莓的栽培管理技术[J].河南农业,2012(3):28.